国外著名高等院校
信息科学与技术优秀教材

人工智能和深度学习导论

Artificial Intelligence, Machine Learning and Deep Learning

[美] 奥斯瓦尔德·坎佩萨托（Oswald Campesato）著　　刘少俊 方延风 译

U0300207

人民邮电出版社

北京

图书在版编目（C I P）数据

人工智能和深度学习导论 ／（美）奥斯瓦尔德·坎佩
萨托（Oswald Campesato）著；刘少俊，方延风译. --
北京：人民邮电出版社，2024.6
国外著名高等院校信息科学与技术优秀教材
ISBN 978-7-115-58408-3

Ⅰ．①人… Ⅱ．①奥… ②刘… ③方… Ⅲ．①机器学
习-高等学校-教材 Ⅳ．①TP181

中国版本图书馆CIP数据核字(2021)第270631号

版权声明

◆ 著　　　[美]奥斯瓦尔德·坎佩萨托（Oswald Campesato）
　　译　　　刘少俊　方延风
　　责任编辑　王峰松
　　责任印制　王　郁　焦志炜
◆ 人民邮电出版社出版发行　　北京市丰台区成寿寺路 11 号
　　邮编　100164　电子邮件　315@ptpress.com.cn
　　网址　https://www.ptpress.com.cn
　　北京七彩京通数码快印有限公司印刷
◆ 开本：787×1092　1/16
　　印张：12.5　　　　　　　　2024 年 6 月第 1 版
　　字数：282 千字　　　　　　2025 年 4 月北京第 2 次印刷
　　著作权合同登记号　图字：01-2020-7253 号

定价：69.80 元
读者服务热线：(010)81055410　印装质量热线：(010)81055316
反盗版热线：(010)81055315

内容提要

　　本书首先介绍了人工智能的基础知识，然后分别介绍了机器学习、深度学习、自然语言处理和强化学习中的重点概念和实践过程，包含逻辑斯谛回归、k 最近邻、决策树、随机森林、支持向量机、卷积神经网络、循环神经网络、LSTM、自动编码器等。此外，本书的附录部分还分别简单介绍了 Keras、TensorFlow、pandas 等人工智能相关的工具。

　　本书适用于高等院校电子信息类专业的人工智能导论课程，也适合想要对人工智能、机器学习和深度学习快速了解和掌握的专业人士阅读参考。

译者序

当前世界正在以前所未有的速度改变，人工智能已逐渐融入学习、工作、生活的方方面面，成为不可或缺的工具。人工智能是计算机科学的一个分支，它试图了解智能的本质，是一门涉及研究和开发用于模拟、延伸、扩展智能的理论、方法、技术和应用系统的技术科学。机器学习是一种人工智能方法，主要研究如何从经验中改进系统性能以实现人工智能这一目标。深度学习则是一种实现机器学习的技术，最初是利用深度神经网络来解决特征表达的学习过程，得益于计算能力不断增强、数据规模不断扩大、算法模型不断改进，现在已经是机器学习研究中非常重要的一个领域。

本书介绍了人工智能、机器学习、深度学习的基本概念和一些经典的算法、模型，供初学者入门学习。本书还在附录部分介绍了 Keras、TensorFlow 和 pandas，这三者分别提供了深度学习框架和数据处理工具，能帮助人们快速开发人工智能应用。本书提供了足够的代码示例来帮助读者理解不同深度的算法功能，以便读者更好地掌握各个知识点。通过认真阅读本书，读者必能有所收获。

本书由刘少俊、方延风合作翻译，刘少俊主要翻译了第 1、3、5 章和附录 A、B 的内容，方延风主要翻译了第 2、4、6 章和附录 C 的内容。在这里，要特别感谢福建省科学技术信息研究所的支持，本书的中译本是"打造区域科技创新智库基础条件与能力建设（2019L3015）""分布式科技数据采集与存储平台的研究与应用（2019R1008-8）"等项目的建设成果。此外，还要感谢人民邮电出版社的编辑，他们对本书进行了专业、细致的审核。

此外，由于译者水平有限，书中难免有欠妥之处，如有任何意见和建议，请不吝告知，我们将感激不尽。我们的邮箱分别是 liusj@fjinfo.org.cn 和 afang@fjinfo.org.cn。

译者

2021 年 12 月

谨献给我的父母——愿本书为他们的生活带来快乐和幸福。

前言

目标

本书的目标是向初学者介绍基本的机器学习和深度学习概念与算法，旨在快速介绍机器学习和深度学习的各种"核心"特性，并提供大学课程中包含的代码示例。章节中的材料说明了如何使用 Keras 解决某些任务，之后你可以进一步阅读以加深知识。

本书还将为你节省搜索代码示例所需的时间，这是一个潜在的耗时过程。在任何情况下，如果你不确定能否理解这里介绍的内容，请浏览代码示例以了解复杂程度。

请记住下面这一点：阅读本书并不会让你成为机器学习或深度学习专家。

你能从本书中学到什么

第 1 章对人工智能进行了简短的介绍。第 2 章介绍了机器学习的概念（有监督和无监督学习）、任务类型（回归、分类和聚类）和线性回归。第 3 章专门介绍了分类算法，如 kNN、朴素贝叶斯、决策树、随机森林和支持向量机。

第 4 章介绍了深度学习，并深入研究了卷积神经网络。第 5 章介绍了深度学习体系架构，例如 RNN 和 LSTM。

第 6 章介绍了自然语言处理的各个方面，并提供了一些基本概念和算法，其后是强化学习和贝尔曼方程。附录 A 介绍了 Keras，附录 B 介绍了 TensorFlow 2.0，附录 C 介绍了 pandas。

还有一点：尽管 Jupyter 比较流行，但是本书中的所有代码示例都是 Python 脚本。你可以通过各种在线教程快速学习 Jupyter 的有用功能。此外，完全在线的谷歌 Colaboratory 也值得关注，它基于 Jupyter Notebook 并提供了可以免费使用的图形处理器（Graphics Processing Unit，GPU）。

阅读本书需要多少 Keras 知识

如果你接触过 Keras，这对阅读本书会有所帮助。如果完全没有接触过 Keras，你可以阅读一下附录 A。如果你还想了解 Keras 和逻辑斯谛回归，请参阅第 3 章中的示例。该例需要一些涉及激活函数、优化器和成本函数的理论知识，这些知识都将在第 4 章中进行讨论。

请记住，Keras 已经很好地被集成到 TensorFlow 2 中（在 tf.keras 命名空间中），它提供了一个"纯 TensorFlow"之上的抽象层，使你能够更快地搭建应用原型。

需要学习本书的理论部分吗

同样，答案取决于你计划在多大程度上参与机器学习。除了创建模型之外，你还将使用各种算法来查看究竟哪些模型提供了项目所需的精确度（或其他度量指标）。如果有所欠缺，机器学习的理论可以帮助你对模型和数据进行"取证"分析，并在理想情况下帮助你确定改进模型的方法。

代码示例的创建

本书中的代码示例是使用 Python 3 和 Keras 创建和测试的，Keras 内置在使用 macOS 10.12.6 操作系统的 MacBook Pro 上的 TensorFlow 2 中。代码示例主要来自作者的"深度学习和 Keras"研究生课程。在某些情况下，有些代码示例包含了在线论坛中讨论的小段代码。考虑到本书的体量，书中的代码示例遵循的要点可以概括为"4 个 C"，就是尽可能清晰（Clear）、简洁（Concise）、完整（Complete）、正确（Correct）。

本书的技术预备知识

你需要对 Python 有所了解，并且要知道如何从命令行启动 Python 代码（在 Mac 用户的类 UNIX 环境中）。此外，基础线性代数（向量和矩阵）、概率论/统计学（均值、中值、标准差）和微积分中的基本概念（如导数）将有助于你掌握材料。NumPy 和 matplotlib 的一些知识也会有所帮助——本书假设你熟悉它们的基本功能（如 NumPy 数组）。

要想理解本书后半部分的代码示例，另一个先决条件也很重要：对神经网络要有一些了解，包括隐藏层和激活函数的概念（即使你没有完全理解它们）。交叉熵的知识对一些代码示例的理解也会有所帮助。

本书的非技术预备知识

尽管这个问题的答案更难量化，但有学习机器学习的强烈愿望，以及阅读和理解代码示例的动机和能力是非常重要的。

即使是简单的机器学习的应用程序接口（Application Programming Interface，API），初次接触时也可能是一个挑战，因此请准备好多次阅读代码示例。

如何设置命令 shell

如果你是 Mac 用户，则可以通过两种方法进行操作。第一种方法是使用 Finder 导航到 Applications→Utilities，然后双击"Utilities"应用程序。接下来，如果你已经打开了命令 shell，则可以通过键入以下命令来启动新的命令 shell：

```
open/Applications/Utilities/Terminal.app
```

Mac 用户的另一种方法是从已经可见的命令 shell，在 MacBook Pro 上打开新的命令 shell。在一个命令 shell 中按下 command + n 快捷键即可启动另一个命令 shell。

如果你是 PC 用户，则可以安装模拟 bash 命令的 Cygwin，或使用其他工具包，例如 MKS（一款商用产品）。请自行阅读描述下载和安装过程的在线文档。注意，自定义别名如果是在主启动文件以外的其他文件（例如 .bash_login）中定义的，则不会被自动设置。

读完本书，下一步是什么

这个问题的答案千差万别，主要是因为答案在很大程度上取决于你的目标。最好的答案是：尝试一种书中的新工具或技术来解决你关心的问题，无论是专业的还是个人的。问题具体是什么取决于你是谁，因为数据科学家、经理、学生、开发人员的需求各有不同。此外，在应对新挑战时，请牢记所学内容。

O. 坎佩萨托
美国旧金山

资源与支持

资源获取

本书提供如下资源：

- 配套数据库文件；
- 本书思维导图；
- 异步社区 7 天 VIP 会员。

要获得以上资源，您可以扫描下方二维码，根据指引领取。注意：部分资源可能需要验证您的身份才能提供。

提交勘误

作者和编辑尽最大努力来确保书中内容的准确性，但难免会存在疏漏。欢迎您将发现的问题反馈给我们，帮助我们提升图书的质量。

当您发现错误时，请登录异步社区（www.epubit.com），按书名搜索，进入本书页面，点击"发表勘误"，输入勘误信息，点击"提交勘误"按钮即可（见下图）。本书的作者和编辑会对您提交的勘误进行审核，确认并接受后，您将获赠异步社区的 100 积分。积分可用于在异步社区兑换优惠券、样书或奖品。

图书勘误		✎ 发表勘误
页码：1	页内位置（行数）：1	勘误印次：1

图书类型：● 纸书　电子书

添加勘误图片（最多可上传4张图片）

+

提交勘误

全部勘误　我的勘误

与我们联系

我们的联系邮箱是 contact@epubit.com.cn。

如果您对本书有任何疑问或建议，请您发邮件给我们，并请在邮件标题中注明本书书名，以便我们更高效地做出反馈。

如果您有兴趣出版图书、录制教学视频，或者参与图书翻译、技术审校等工作，可以发邮件给我们。

如果您所在的学校、培训机构或企业，想批量购买本书或异步社区出版的其他图书，也可以发邮件给我们。

如果您在网上发现有针对异步社区出品图书的各种形式的盗版行为，包括对图书全部或部分内容的非授权传播，请您将怀疑有侵权行为的链接发邮件给我们。您的这一举动是对作者权益的保护，也是我们持续为您提供有价值的内容的动力之源。

关于异步社区和异步图书

"异步社区"是由人民邮电出版社创办的 IT 专业图书社区，于 2015 年 8 月上线运营，致力于优质内容的出版和分享，为读者提供高品质的学习内容，为作译者提供专业的出版服务，实现作者与读者在线交流互动，以及传统出版与数字出版的融合发展。

"异步图书"是异步社区策划出版的精品 IT 图书的品牌，依托于人民邮电出版社在计算机图书领域 30 余年的发展与积淀。异步图书面向 IT 行业以及各行业使用 IT 技术的用户。

目　　录

第 1 章　人工智能导论

本章对人工智能进行了简要介绍，主要是对这一多样化的主题进行概述。与本书的其他章节不同，这一介绍性章节在技术内容上比较"轻量"。它很容易阅读，也值得大致浏览一番。本章末尾简要介绍了机器学习和深度学习，后续章节将对它们进行更详细的讨论。

请记住，许多人工智能主题的图书都倾向于从计算机科学的角度来讨论人工智能，并讨论传统的算法和数据结构。相比之下，本书将人工智能视为机器学习和深度学习的"总称"，因此本章以简略的方式讨论它，作为其他各章的前导。

本章分为三部分。本章的第一部分（1.1 节和 1.2 节）讨论了人工智能（Artificial Intelligence, AI）的定义、确定智能存在的各种可能方法，以及"强人工智能"和"弱人工智能"的区别。你还将了解图灵测试，这是一种著名的智能测试。

本章的第二部分（1.3 节~1.10 节）讨论了一些人工智能用例以及神经计算、演化计算、自然语言处理和生物信息学的早期方法。

本章的第三部分（1.11 节）介绍了人工智能的主要子领域，如自然语言处理（包括自然语言理解和自然语言生成）、机器学习、深度学习、强化学习和深度强化学习。

虽然本章未讨论基于代码的示例，但本章的配套文件中包含了一个旨在解决 Red Donkey 问题的 Java 代码示例以及一个旨在复原魔方的 Python 代码示例（需要安装 Python 2.x）。

1.1　什么是人工智能

"人工"这个词的字面意思是人造的、合成的，有时具有负面含义，即作为一个次等的替代品。然而，人造物（例如人造花）和它们的对应物非常相似，而且在某些时候可能是更有利的，比如它们没有任何维护需求（不需要阳光、水等）。

相比之下，智能的定义比人工的定义更难以捉摸。R. Sternberg 在有关人类意识的文章中提供了以下有用的定义："智能是个人从经验中学习、推理、记住重要信息，以及应付日常生活需求的认知能力。"

你可能还记得标准化测验中的如下问题：给定 1,3,6,10,15,21 这样的序列，下一个数字是什么？首先你要观察到，相邻数字的差每次递增 1：从 1 到 3，增加了 2；从 3 到 6，增加了 3，以此类推。基于这种模式，可能的答案是 28。这些问题旨在衡量我们识别模式中显著特征的熟练程度。

顺便说一下，"预测序列中的下一个值"这类数学问题可以有多个答案。例如，如果生成公式是 2^n，则序列 2,4,8 中可能的下一个数字是 16。但是，如果生成公式为 $2^n + (n-1) \times (n-2) \times (n-3)$，那么序列中的下一个数字是 22 而不是 16。有很多公式可以匹配 2,4,8 作为初始数字序列，但下一个数字可以与 16 或 22 不同。

让我们回到 R. Sternberg 对智能的定义，并考虑以下问题。

● 　如何确定某人（某物）有智能？

● 　动物有智能吗？

● 　如果动物有智能，如何评估它们的智能？

我们倾向于通过与人们的互动来评估他们的智力：我们提出问题并观察对方的回答。虽然这种方法是间接的，但我们经常依靠这种方法来评估他人的智力。

对于动物的智力，我们还可以通过观察它们的行为来进行评估。聪明的 Hans 是一匹著名的马，它生活在大约 1900 年的德国柏林，据称它精通算术，例如计算加法和平方根。

实际上，Hans 能够识别人类的情绪。结合敏锐的听觉，Hans 可以在接近正确答案时，感觉到观众的反应。有趣的是，Hans 在没有观众的情况下表现不佳。你可能不愿意将聪明的 Hans 的行为归因于智能，但是在得出结论之前，请仔细阅读 R. Sternberg 给出的定义。

再举一个例子，有些生物仅在群体中表现出智慧。蚂蚁是一种简单的昆虫，有关人工智能的文章很少关注它们个体的行为，但蚂蚁群体对复杂的问题表现出非凡的解决能力。实际上，蚂蚁可以找出从蚁穴到食物来源的最佳路线、搬运重物，以及搭起桥梁。因此，集体智慧来自个体昆虫之间的有效交流。

脑质量和脑-身体质量比是评估智力的两个指标，海豚在这两个指标上都优于人类。海豚的呼吸处于自主控制下，这可能是海豚的大脑质量过大，以及海豚左右半脑轮流睡眠的原因。海豚在诸如镜子测试的动物自我意识测试中得分很高，在这种测试中，海豚意识到镜子中的图像实际上是它们自己的样子。它们还可以表演复杂的把戏，海洋世界的游客可以证明这一点。这说明海豚有记忆和执行复杂的身体运动序列的能力。

工具的使用是检测智能的另一个试金石，经常被用来区分直立人和早期智人。海豚也与人类有同样的特点：海豚在觅食时使用深海海绵来保护它们的嘴。因此，智能不是人类独有的属性。许多生物都拥有某种程度的智能。

现在考虑以下问题：无生命的物体（例如计算机）可以拥有智能吗？人工智能的既定目标是创建表现出与人类相似思维的计算机软件或硬件系统，换句话说，让机器表现出通常被认为可以体现人类智能的特征。

机器可以思考吗？思维能力怎么样？请记住，思维与智能是有区别的。思维是推理、分析、评估和创造思想观念的工具。因此，并不是每个有思维能力的人都是聪明的。智能也许类似于高效和有效的思维。

许多人带着偏见对待这个问题，他们说计算机由硅制造、依赖电力供应，因此没有思维能力。而另一个观点则是，计算机的性能要比人类高得多，因此计算机必然比人类更智能。真相很可能介于这两个观点之间。正如我们已经讨论过的，不同的动物物种具有不同程度的智能。然而，相较于开发用于动物的标准化智商测试，我们更感兴趣的是确定机器智能存在的测试。也许 Raphael 说得好：人工智能是一门科学，它让机器完成了人类凭借智能才能完成的事情。

强人工智能与弱人工智能

目前关于人工智能有两大阵营：强人工智能阵营与弱人工智能阵营。弱人工智能与麻省理工学院有关，弱人工智能的支持者认为任何表现出智能行为的系统都是人工智能的例子。弱人工智能阵营关注的是程序是否正确执行，而不管人造物是否以人类的方式执行任务。电气工程、机器人和相关领域的人工智能项目主要关注结果是否令人满意。

另外一种达到人工智能的方法叫作生物可行性，它与卡内基·梅隆大学有关。根据这种方法，当一个人造物表现出智能行为时，它的执行应该基于人类使用的方法。例如，考虑一个具有听觉的系统：弱人工智能的支持者只关心系统的性能，而强人工智能的支持者可能希望通过模拟人类听觉系统来成功获得听觉。这种模拟将包括耳蜗、耳道、耳膜和耳朵其他部分的等效物，每个等效物在系统中执行各自的任务。

因此，弱人工智能的支持者仅根据系统表现来衡量他们构建的系统是否成功。他们认为，人工智能研究存在的理由是解决困难的问题，而不管它们实际上是如何解决的。

而强人工智能的支持者关心的是他们所构建系统的结构。他们认为，仅仅凭借拥有启发式方法、算法和知识的人工智能程序，计算机就可以具有意识和智能。众所周知，好莱坞制作了各种各样具有强人工智能阵营的电影，例如《我，机器人》（*I, Robot*）和《银翼杀手》（*Blade Runner*）。

1.2 图灵测试

1.1 节提出了 3 个问题，而前两个问题已经解决：如何确定智能，以及动物是否有智能。第二个问题的答案不一定是"是"或"否"。有些人比其他人聪明，有些动物比其他动物聪明。机器智能也存在同样的问题。

艾伦·图灵（Alan Turing）试图从可操作层面来回答智能问题。他想将功能（能做什么）和实现（如何构建）分离开来，并为此设计了一种称为"图灵测试"的工具，1.2.1 节将对此进行讨论。

1.2.1 图灵测试的定义

图灵提出了两个模仿游戏，游戏中的一个人或实体要试图表现得像另一个人。在第一个游戏中，在一个中央装有帘子的房间中，帘子一边有一个人（称为询问者），另一边有另一个人。询问者（无关性别）必须询问一系列问题来确定帘子另一边是男人还是女人。

这个游戏假定男人可能会在他的回答中撒谎，但女人一直是诚实的。为了使询问者无法从声音中确定性别，交流是通过计算机进行而不是通过口头表达的。如果帘子另一边是男人，并且成功欺骗了询问者，那么他就赢得了模仿游戏。

在图灵最初提出的游戏形式中，询问者必须同时正确识别一男一女。图灵可能基于那一时期流行的游戏发明了这一测试，而这一测试甚至可能促使他发明了机器智能测试。

20 世纪著名的社会学家和精神分析心理学家 Erich Fromm 认为：男女平等，但不一定相同。例如，不同性别的人对颜色、花朵的了解可能不同，花在购物上的时间也不同。区分男女与区分智能有什么关系？图灵认为可能存在不同类型的思维，理解并容忍这些差异是很重要的。

1.2.2　询问者测试

图灵提出的两个模仿游戏中的第二个游戏更适合人工智能研究。与之前一样，询问者在一个中央装有帘子的房间里。这一次，帘子后面躲着一台计算机或一个人，机器扮演着前一测试中男人的角色，并且也能在合适的时候撒谎。而人一直是诚实的。询问者提出问题，然后评估对方的回答以确定他是在与人交流还是在与机器交流。如果计算机成功地欺骗了询问者，那么它就通过了图灵测试，也因此可以被认为是智能的。

1.3　启发式方法

启发式方法有时候非常有用，而且人工智能应用经常依赖于启发式方法的应用。启发式方法在本质上是解决问题的"经验法则"。换句话说，启发式方法是一组策略，这组策略通常可以解决问题。对比启发式方法与算法，算法是解决问题的一组预定规则，其输出是完全可预测的。

启发式方法是一种寻找近似解的技术，可以在其他方法太耗时或太复杂（或两者兼有）时使用。使用启发式方法可能会得到理想的结果（但无法保证一定能得到），启发式方法在人工智能的早期研究中特别流行。

我们在日常生活中可以发现各种启发式方法。例如，许多人更喜欢使用启发式方法而不是通过问路来到达目的地。比如，当晚上驶离高速公路时，有时很难找到返回主干道的路线。可能会有用的一种启发式方法是，每当驶入一个岔路口，就选择有着更多路灯的方向前进。你可能有一种最喜欢的方法来找回掉落的隐形眼镜，或在拥挤的购物中心找到停车位。两者都是启发式方法的例子。

人工智能问题往往是大型问题，带有计算复杂性，而且通常不能通过简单算法来解决。人工智能问题及其领域往往体现了大量的人类专业知识，尤其在需要使用强人工智能方法来解决的情况下。有些类型的问题使用人工智能方法可以更好地解决，而包括简单的决策或精确计算的其他类型的问题更适合使用传统的计算机科学方法来解决。让我们思考以下几个生活中的例子：

- 医疗诊断；
- 使用可以扫描条形码的收银机购物；
- 使用自动取款机；
- 双人博弈，如国际象棋和跳棋。

在上述例子中，医疗诊断这个科学领域多年来一直受益于人工智能，特别是专家系统的发展。专家系统通常建立在有大量人类专业知识且存在大量规则的领域中，这些规则通常是这样的：如果（条件）—那么（行动）。举个简单的例子：如果你头疼，那么就吃两片药并在早上给我打电话。

特别地，专家系统变得非常流行（也非常有用），因为它们可以存储比人类大脑所能容纳的多得多的规则。专家系统是能产生全面有效结果的人工智能技术之一。事实上，专家系统可以帮助人类做出更准确的决策（甚至"挑战"不正确的选择）。

遗传算法

达尔文的生物演化论是一个前途无量的范式，其中包括了自然界中以数千年或数百万年的速度发生的自然选择。相比之下，计算机内部的演化比自然选择快得多。

遗传算法是一种启发式算法，可"模仿"自然选择的过程，其中包括选择最适合的个体进行繁殖，以产生下一代。

让我们对人工智能使用的演化过程与动植物界的演化过程进行比较。在演化过程中，物种通过自然选择、繁殖、突变和重组的遗传算子来适应环境。

遗传算法是演化计算领域的一种特殊方法。演化计算是人工智能的一个分支，在演化计算中，问题的解决方案就像动物适应现实世界中的环境一样适应问题环境。

如果你感兴趣，可以参考维基百科的 genetic algorithm 词条页面来了解更多关于遗传算法的有趣细节。

1.4 知识表示

当我们考虑人工智能相关的问题时，恰当地表示问题很重要。为了处理知识并产生智能结果，人工智能系统需要获取和存储知识，也需要识别和表示知识的能力。选择何种表示形式是理解和解决问题的本质。

正如数学家 George Pólya 所言，选择一个好的表示几乎和为特定问题设计算法或解决方案一样重要。使用良好和自然的表示形式有助于快速得到可理解的解决方案。

作为体现表示选择重要性的一个例子，让我们考虑著名的"传教士和野人过河"问题。假设我们的目标是用一艘船将 3 名传教士和 3 个野人从一条河的西岸转移到东岸。在从西向东渡河过程中的任何时刻，通过选择适当的表示，你都可以找到解决问题的路径。这个问题有两个限制：船在任何时候最多只能容纳两个人，而且河的任何一边岸上的野人人数永远不能超过传教士人数，否则传教士会被野人吃掉。

你可以在维基百科的 missionaries and cannibals problem 词条页面找到这个问题［以及相关的"嫉妒的丈夫"（jealous husbands）问题］的解决方案。

1.4.1 基于逻辑的解决方案

人工智能研究人员将基于逻辑的方法用于知识表示和问题求解。Terry Winograd 的积木世界（1972 年）是一个将逻辑用于此用途的开创性例子，在这个例子中，一个机器人手臂与桌面上的积木进行交互。这个项目涵盖了语言理解、场景分析，以及人工智能领域的其他问题。

此外，许多成功的专家系统是用产生式规则和产生式系统构建的。产生式规则和专家系统的吸引力在于能够清晰、简洁地表示启发式方法的可行性。数以千计的专家系统已经采用这种方法完成了构建。

1.4.2 语义网络

语义网络是知识的另一种图形表示（尽管很复杂）。语义网络先于使用继承的面向对象语言（其中来自特定类的对象继承了超类的许多属性）。

使用语义网络的大部分工作集中在知识表示和语言结构上，如 Stuart Shapiro 的语义网络处理系统和 Roger Schank 在自然语言处理方面的工作。

对于知识表示，还存在其他替代方法。图形化方法对视觉、空间、运动等感官具有更大的吸引力。最早的图形化方法可能是状态空间表示法，它显示了系统所有可能的状态。

1.5 人工智能和博弈

自 20 世纪中叶计算机问世以来，通过训练计算机进行复杂的棋类博弈，计算机科学和编程技术取得了重大进展。一些有计算机参与的博弈（例如国际象棋、跳棋、围棋和黑白棋）已经使人们受益于人工智能给出的独特方案。

博弈刺激了人们对人工智能的兴趣和人工智能的发展。Arthur Samuel 在 1959 年对跳棋的研究是早期努力的一个亮点。他的程序基于一个含有 50 个启发式方法的表格，可以在自身的不同版本间博弈。在一系列比赛中，失败的程序将采用获胜程序的启发式方法。这个程序很擅长下跳棋，但从未达到大师级水平。

几个世纪以来，人们一直试图训练机器下国际象棋。对国际象棋机器的迷恋可能源于一种普遍接受的观点，即只有拥有智能才能下好棋。

1959 年，Newell、Simon 和 Shaw 开发了第一个真正的计算机国际象棋程序，该程序遵循香农-图灵（Shannon-Turing）范式。Richard Greenblatt 编写了第一个俱乐部级别的计算机国际象棋程序。计算机国际象棋程序在 20 世纪 70 年代稳步发展，直到 70 年代末，程序达到了专家水平（相当于国际象棋锦标赛排名前 1%的选手）。

1983 年，Ken Thompson 的 Belle 是第一个正式达到大师级水平的程序。随后，来自卡内基·梅隆大学的 Hitech 取得了成功，作为第一个特级大师级（等级分超过 2400 分）程序，它成为一个重要的里程碑。此后不久，同样来自卡内基·梅隆大学的"深思"（Deep Thought）被开发出来，并成为第一个能够稳定击败国际象棋特级大师的程序。

当 IBM 在 20 世纪 90 年代接管该程序时，"深思"演化成了"深蓝"（Deep Blue）。在 1996 年的费城，深蓝与世界冠军 Garry Kasparov 进行了 6 场比赛，最终 Kasparov 获胜，从而"拯救了人类"。然而 1997 年，在对阵深蓝的继承者——"更深的蓝"（Deeper Blue）时，Kasparov 输了，震动了整个棋坛。

在随后与 Kasparov、Kramnik 和其他世界冠军级别选手的 6 场比赛中，程序表现出色，但这些比赛不是世界锦标赛。尽管人们普遍认为这些程序可能仍然比不上最优秀的人类棋手，但大多数人还是愿意承认顶级程序和最有成就的人类棋手难分伯仲（这让人想到了图灵测试）。

1989 年，位于埃德蒙顿的阿尔伯塔大学的 Jonathan Schaeffer 开始了他的长期目标——用他的程序 Chinook 征服跳棋游戏。在 1992 年的一场 40 回合比赛中，在对战跳棋世界冠军 Marion Tinsley 时，Chinook 以 2 胜 33 平 4 负的成绩输了。1994 年，他们再次比赛，6 场打平，之后 Tinsley 因健康原因不得不退出比赛。从那以后，Schaeffer 和他的团队一方面努力求解残局（只有 8 枚或更少棋子的残局），另一方面试图解决从开局开始的跳棋问题。

其他使用人工智能技术的博弈包括西洋双陆棋、扑克、桥牌、黑白棋和围棋（通常被称为"人工智能的新果蝇"）。

AlphaZero 的成功

谷歌开发了 AlphaZero，这是一个基于人工智能的软件程序，它使用自我对局的方式学习如何玩游戏。AlphaZero 是 AlphaGo 的后继产品，后者在 2016 年击败了人类顶尖棋手。AlphaZero 在围棋比赛中轻松击败了 AlphaGo。

而且，在学习了国际象棋的规则之后，AlphaZero 进行了自训练（再次使用自我对局），并在一天之内成为世界上的顶尖棋手。AlphaZero 可以打败任何人类棋手及任何下国际象棋的计算机程序。

真正有趣的一点是，AlphaZero 发明了自己的下棋策略，这种策略不仅不同于人类，还涉及一些被认为违反直觉的棋步。

遗憾的是，AlphaZero 无法告诉我们它是如何发明出一种优于任何以前发明的下棋方法的策略的。既然 AlphaZero 完全依靠自学成为世界排名第一的棋手，那么 AlphaZero 算不算有智能？

1.6 专家系统

专家系统是人工智能自存在以来就一直被研究的领域，也是人工智能领域可以宣称获得巨大成功的一门学科。专家系统有许多特点，这使其成为人工智能研究和开发的理想选择。这些特点包括：知识库与推理机的分离、系统知识超过所有专家知识的总和、知识与搜索技术的特殊关系、推理能力和不确定性。

最早诞生且常被提及的专家系统是使用启发式方法的 DENDRAL。该专家系统的目的是根据质谱图鉴定未知化合物。DENDRAL 由斯坦福大学开发，旨在对火星土壤进行化学分析。它是第一个证明了在特定学科中编码领域专家知识具有可行性的专家系统。

另一个著名的专家系统是同样来自斯坦福大学的 MYCIN（1984 年）。开发 MYCIN 是为了方便对传染性血液疾病进行研究。然而更重要的是，MYCIN 为之后所有基于知识的系统设计建立了范例。它有 400 多条规则，最终被用来为斯坦福医院的住院医生提供培训。

20 世纪 70 年代，PROSPECTOR 在斯坦福大学被开发用于矿物勘探。PROSPECTOR 也是早期使用推理网络的有价值的范例。

随后在 20 世纪 70 年代出现的其他著名和成功的专家系统有：XCON（大约有 10 000 条规则），它是为了帮助在 VAX 计算机上配置电路板而开发的；GUIDON，一个辅导系统，它是 MYCIN 的一个分支；TEIRESIAS，一个 MYCIN 的知识获取工具；HEARSAY I 和

HEARSAY Ⅱ，它们是使用 Blackboard 架构进行语音理解的最早的例子。

Doug Lenat 的人工数学家（Artificial Mathematics，AM）系统是 20 世纪 70 年代研究和开发工作的另一个重要成果。除此之外，还有用于不确定性推理的 Dempster-Schafer 理论，以及 Zadeh 在模糊逻辑方面的工作。

20 世纪 80 年代以来，人类在配置、诊断、指导、监控、计划、预测、补救和控制等领域已经开发了数千个专家系统。今天，除了独立的专家系统之外，还有许多专家系统已经被嵌入其他用于控制的软件系统中，包括医疗设备和汽车中的专家系统。例如，汽车的牵引控制应该何时激活？

此外，许多专家系统的框架，如 Emycin、OPS、EXSYS 和 CLIPS，已经成为行业标准。人们也开发了许多知识表示语言。如今，许多专家系统在幕后工作，以增强日常体验，如优化在线购物的体验。

1.7　神经计算

McCulloch 和 Pitts 在神经计算方面进行了早期研究，试图理解动物神经系统的行为。他们的人工神经网络（Artificial Neural Network，ANN）模型有一个严重的缺点：不包括学习机制。

Frank Rosenblatt 开发了一种称为感知器学习规则的迭代算法，用于在单层网络（所有神经元都直接连接到输入端的网络）中找到合适的权重。这一新兴学科的研究可能受到了严重阻碍，因为 Minsky 和 Papert 声明某些问题不能通过单层感知器来解决，如异或（XOR）函数。这项声明发布后，用于资助神经网络研究的资金立即被大幅削减。

20 世纪 80 年代初期，Hopfield 的工作使该领域再次活跃起来。他的异步网络模型（Hopfield 网络）使用能量函数找到了 NP 完全问题的近似解。

20 世纪 80 年代中期，反向传播被提出，这是一种适用于多层网络的学习算法。人们通常使用基于反向传播的网络来预测道琼斯平均指数，或将反向传播网络用于光学字符识别系统，以识别和阅读印刷材料。

神经网络也用于控制系统。ALVINN 是卡内基·梅隆大学的一个项目，它使用一个反向传播网络来感知高速公路，并协助导航 Navlab 车辆转向。这项工作的一个直接应用是，每当车辆偏离高速公路车道时，就警告因睡眠不足或其他情况而判断力受损的驾驶员。展望未来，希望有一天类似的系统会驾驶车辆，这样我们就可以自由地在车上阅读报纸、打电话，以利用额外的空闲时间。

1.8　演化计算

遗传算法通常被归类为演化计算。遗传算法使用概率和并行性来解决组合问题（也称为优化问题），这是 John Holland 开发的一种算法。

然而，演化计算并不仅仅关注优化问题。Rodney Brooks 曾是麻省理工学院计算机科学和人工智能实验室的主任。他成功创造了接近人类水平的人工智能，并巧妙地称其为"人工智能研究的圣杯"，这一成功源自放弃了对基于启发式方法和表示范例的符号方法的依赖。

在他看来，智能系统可以设计成多层，高层依赖低层。例如，如果你想建造一个能够避开障碍物的机器人，避障程序将建立在一个只负责机器人如何运动的低层之上。

Brooks 认为，智能是通过智能体与其环境交互而产生的。他著名的成就是在实验室里制造的昆虫状机器人，这些机器人体现了这种智能哲学，其中一群自主机器人既可以与环境互动，也可以彼此互动。

1.9 自然语言处理

如果想要建立智能系统，那么希望系统拥有语言理解能力似乎是很自然的。对于许多早期实践者而言，这是不言自明的。Eliza 是一个著名的早期应用程序，由麻省理工学院的计算机科学家 Joseph Weizenbaum 与斯坦福大学的精神病学家 Kenneth Colby 合作开发。

Eliza 打算模仿 Carl Rogers 学派的精神病学家扮演的角色。例如，如果用户输入"我觉得累了"，Eliza 可能会回应："你说你感觉累了。多跟我说点吧。""对话"将以这种方式继续，机器在对话的原创性方面贡献很小或没有贡献。精神病学家可能会以这种方式行事，希望病人能发现他们真实的（也许是隐藏的）感受。与此同时，Eliza 只是用模式匹配来假装像人一样互动。

让人好奇的是，Weizenbaum 的学生和公众对与 Eliza 互动有着浓厚兴趣，尽管他们完全知道 Eliza 只是一个程序。这令 Weizenbaum 备感困扰。同时，Colby 仍然致力于这个项目，并成功编写了一个名为 DOCTOR 的程序。

尽管 Eliza 对自然语言处理贡献甚微，但这种软件假装拥有了或许是最后一项能体现人类"特殊性"的能力——感受情绪。当人和机器之间的界限变得不那么清晰（这可能在大约 50 年之内实现）并且这些机器人变得不那么像凡人而更像永生者时，会发生什么？

最近，几个麻省理工学院的机器人，包括 Cog、Kismet 和 Paro，已经具有伪装人类情感并引起与之互动的人的情感反应的超强能力。Turkle 研究了养老院的儿童和老人与这些机器人形成的关系，这些关系涉及真挚的情感与关怀。Turkle 说，也许有必要重新定义"关系"一词，纳入人们与这些所谓的人工产物的接触。然而，她仍然相信，这种关系永远不会取代只有在必须每天面对死亡的人与人之间才会出现的关系。

Winograd 的积木世界包括一个能够实现各种目标的机器人手臂。例如，如果 SHRDLU 被要求举起一个上面有一个小绿色块的红色块，它知道必须在举起红色块之前移除绿色块。与 Eliza 不同，SHRDLU 能够理解英语命令，并做出适当的反应。

HEARSAY 是语音识别领域一个雄心勃勃的项目。它采用了 Blackboard 架构，在这种架构中，各种语言成分（如语音和短语）的独立知识源（智能体）可以自由交流。语法和语义都用以修剪不可能的单词组合。

HWIM（Hear What I Mean 的英文简称，发音为"whim"）项目使用增强的转移网络来理解口语。它有一张包含 1000 个单词的词汇表来管理旅行预算。也许这个项目的目标范围过大，以致它的表现不如 HEARSAY II。

在这些自然语言程序的成功中，解析扮演了不可或缺的角色。SHRDLU 使用上下文无关语法来帮助解析英语命令。上下文无关语法为处理符号串提供了一种句法结构。然而，为了有效地处理自然语言，还必须考虑语义。

解析树提供了组成句子的单词之间的关系。例如，许多英文句子可以分为主语和谓语。主语可以分为名词短语和介词短语等。本质上，解析树给出了句子的解析，即句子的含义。

这些早期的语言处理系统都在一定程度上运用了世界知识。然而，到了 20 世纪 80 年代后期，自然语言处理进步的最大绊脚石是常识的问题。例如，虽然我们在自然语言处理和人工智能的特定领域构建了许多成功的程序，但这些程序经常被批评为只适用于微观世界，意思是这些程序没有现实世界的常识。例如，一个程序可能非常了解某个特定的场景，比如在餐馆点餐，但是它不知道服务员是否还在工作，也不知道他们是否穿着通常的衣服。在过去的 25 年里，得克萨斯州奥斯汀市的 Douglas Lenat 一直在建立最大的常识知识库来解决这个问题。

自然语言处理（Natural Language Processing，NLP）经历了一些有趣的发展。在经历了初始阶段（如本节前面所述）之后，自然语言处理依赖统计数据来管理句子的解析树。Charniak 描述了如何扩充上下文无关语法，使每条规则都有一个相关概率。这些相关概率可以从宾州树库（Penn Treebank）中获得，该库包含体量超过 100 万个单词的人工解析的英文文本，大部分来自《华尔街日报》。Charniak 展示了这种统计方法如何成功地从《纽约时报》的头版获得一个句子的解析（即使对大多数人来说，这也不是一件小事）。

自然语言处理发展的下一步涉及被称为 RNN（Recurrent Neural Network，循环神经网络）、LSTM（Long-Short Term Memory，长短期记忆）和双向 LSTM 的深度学习体系架构，这将在第 5 章中讨论。更新的深度学习体系架构是谷歌在 2017 年开发的 Transformer。BERT 基于 Transformer（以及注意力机制），是目前可用于解决 NLP 任务的强大开源系统之一。自然语言处理的另一种方法涉及深度强化学习（详见第 6 章）。

1.10 生物信息学

生物信息学是一门将计算机科学的算法和技术应用在分子生物学中的新兴学科。它主要关注生物数据的管理和分析。在结构基因组学中，人们试图为每种观察到的蛋白质指定一个结构。自动发现和数据挖掘可以帮助人们实现这一目标。

Juristica 和 Glasgow 展示了基于案例的推理如何帮助发现每个蛋白质的代表性结构。在国际先进人工智能协会特刊《人工智能与生物信息学》2004 年的一篇调查文章中，Glasgow、Juristica 和 Rost 指出："在生物信息学的近期活动中，增长最快的领域可能是微阵列数据分析。"

对微生物学家来说，他们可获得的数据的种类过多，数量过大，这让他们不堪重负——需要基于巨大的数据库来理解分子序列、结构和数据。许多研究人员认为，来自知识表示和机器学习的人工智能技术将被证明是有所帮助的。

1.11 节将快速地简要介绍人工智能的主要部分，包括机器学习和深度学习。

1.11 人工智能的主要部分

本书的后续章节深入探讨了人工智能的各个重要部分，包括：
- 机器学习；
- 深度学习；
- NLP；
- 强化学习；
- 深度强化学习。

传统的人工智能基于规则集合，这产生了 20 世纪 80 年代的专家系统。传统的人工智能还包括由 John McCarthy（1956 年第一次正式人工智能会议的成员之一）创造的 LISP。

传统的人工智能主要是与条件逻辑相结合的一组规则，20 世纪 80 年代开发的功能强大的专家系统也是如此。然而，基于规则的决策系统可能涉及数千条规则。即使是简单的物体，也需要许多规则——请试着想出一套规则来定义一把椅子、一张桌子，甚至一个苹果。传统的人工智能存在一些显著的局限性，这主要缘于需要的规则数量。

1.11.1 机器学习

大约 20 世纪中叶，机器学习（AI 的一个子集）主要依靠数据来优化和"学习"如何执行任务，通常伴随着新的或改进的算法，如线性回归、kNN（k-Nearest Neighbor）、决策树、随机森林和支持向量机（Support Vector Machine，SVM），这里面除了线性回归，其他所有算法都是分类器。

如你所见，机器学习是一个多样化且充满活力的领域，它包含着很多子领域。

数据（而非规则）在机器学习中非常重要，因此不同数据通常对应不同类型的机器学习。
- 监督学习：大量标记数据。
- 半监督学习：大量部分标记数据。
- 无监督学习：大量未标记数据，聚类。
- 强化学习：数据用以实验、反馈和改进。

吴恩达（Andrew Ng，Coursera 的联合创始人）认为，"99%的机器学习都是有监督学习。"

除了根据数据进行分类之外，机器学习算法还可以分为以下主要类型：
- 分类（针对图像、垃圾邮件、欺诈等数据）；
- 回归（预测股价、房价等）；
- 聚类（无监督分类）。

1.11.2 深度学习

机器学习的一个重要子领域是深度学习，它起源于 20 世纪中叶。深度学习体系架构依赖感知器作为神经网络的基础，通常涉及大型数据集。这样的深度学习体系架构还涉及启发式方法和经验结果。现在，深度学习在一些图像分类任务上甚至可以超越人类水平。

虽然机器学习也有多层感知器（又称多层感知机），但深度学习引入了使用新算法和新架构（如卷积神经网络、RNN 和 LSTM）的深度神经网络。

1.11.3　强化学习

强化学习（也是机器学习的一个子集）涉及试错以使对所谓智能体的回报最大化。深度强化学习结合了深度学习和强化学习的优点。特别是，强化学习中的智能体被神经网络代替了。

深度强化学习在许多不同领域都有应用，其中 3 个广受欢迎的领域如下：
- 博弈（围棋、象棋等）；
- 机器人学；
- 自然语言处理。

使用强化学习的一些著名例子包括：
- AlphaGo（混合强化学习）；
- AlphaZero（完全强化学习）；
- 贪心算法；
- 深度强化学习——结合了深度学习和强化学习。

1.11.4　机器人学

机器人正以多种方式进入我们的个人和职业生活，包括：
- 手术（辅助外科医生）；
- 放射学（检测癌症）；
- 药品管理；
- 宗教理论；
- 法律/房地产/军事/科学；
- 喜剧（包括脱口秀）；
- 音乐（指挥乐队）；
- 餐饮（美食）；
- 舞蹈队伍搭配；
- 以及许多其他领域。

机器人卡车司机正在取代人类司机的工作，它们唯一的成本是机器的维护。此外，机器人不会像人类那样分心，从而导致事故，也不需要工资或任何形式的休假。然而，尽管机器人取得了令人惊讶的成就，但像《星际迷航》中的角色 Data 那样的机器人仍然只是一个梦。

1.11.5　自然语言处理

自然语言处理是计算机科学和人工智能的一个领域，包括计算机和人类语言之间的交互。在早期，自然语言处理涉及基于规则的技术或统计技术。自然语言处理和机器学习使计算机程序可以处理和分析大量的自然语言数据。

机器学习技术可以解决许多自然语言处理任务。自然语言处理涉及的一些领域包括：

- 在不同语言间进行翻译；
- 从文本中寻找有意义的信息；
- 生成文档摘要；
- 检测仇恨言论。

尽管机器学习有许多优点，但还有些问题需要解决。其中一个问题是职业偏见。例如，人工智能系统推断男性是医生，女性是家庭主妇。另一个问题涉及性别偏见。例如，在维基百科（约 2018 年）中，传记的主人公中只有 18%是女性，而维基百科的编辑者中有 84%～90%是男性。

机器学习的第三个问题涉及数据偏差和算法偏差。最后，机器学习还有一些关于人工智能与伦理互动的问题，其中包含一些发人深省的问题（比如人工智能导致人类失业、机器人拥有何种权利等）。

1.12　代码示例

本书的配套资源包含以下文件：

- RubiksCube.py；
- Board.java；
- Search.java。

其中的 Python 文件是复原魔方问题的解决方案，剩下的两个 Java 文件是 Red Donkey 问题的解决方案。

为了运行 Java 程序，请下载 Java 运行环境；为了编译和运行 Java 程序，请下载 Java SDK；如果还没有安装 Python，请安装 Python。上述内容，包括编译和启动 Java 代码的说明，都可以在网上找到。

1.13　总结

在这一章中，你了解了人工智能、强人工智能、弱人工智能，以及图灵测试。你明白了启发式方法及其在算法中的实用性，接触了遗传算法和知识表示。你看到了人工智能最初如何应用于不同的领域，如博弈和专家系统。

你还了解了神经计算、演化计算、自然语言处理、生物信息学的早期方法和人工智能的主要子领域（包括自然语言处理、机器学习、深度学习、强化学习和深度强化学习等）。

第 2 章　机器学习概述

本章介绍了机器学习中的许多概念，如特征选择、特征工程、数据清洗、训练集和测试集等。

本章分为 4 部分。本章的第 1 部分（2.1 节～2.4 节）简要讨论了机器学习和准备数据集所需的标准步骤。这些步骤中包括了"特征选择"或"特征提取"，二者都可以使用各种算法来执行。

本章的第 2 部分（2.5 节～2.9 节）描述了你可能遇到的数据类型、数据集中的数据可能出现的问题以及如何纠正它们。你还将了解训练过程中"hold out"和"k-fold"（即 k 折）交叉验证的区别。

本章的第 3 部分（2.10 节～2.12 节）简要讨论了线性回归涉及的基本概念。虽然线性回归在 200 多年前就发展起来了，但它仍然是解决统计学和机器学习问题（尽管简单）的"核心"技术之一。事实上，Python 和 TensorFlow 中实现了被称为"均方误差"（Mean Squared Error，MSE）的技术，用于为二维平面（或更高维度的超平面）中的数据点找到最佳拟合线，以便最小化所谓的"成本"函数，我们稍后会讨论到。

本章的第 4 部分（2.13 节～2.20 节）包含了附加代码示例，旨在使用 NumPy 中的标准技术来完成线性回归任务。因此，如果对这个主题感到好奇，你可以快速浏览 2.13 节～2.19 节。2.20 节展示了如何用 Keras 进行线性回归。

请记住一点：我们提到了一些算法，但不会深入研究其细节。例如，与监督学习相关的章节包含了一个算法列表，这些算法出现在后面与分类算法相关的章节中。在某些情况下，有的算法会在第 3 章中更详细地加以讨论。除此之外，你还可以在网上搜索本书未详细讨论的那些算法的详尽信息。

2.1　什么是机器学习

从较高层面来说，机器学习是人工智能的一个子集，它可以解决用"传统"编程语言不能解决或解决起来太麻烦的任务。电子邮件的垃圾邮件过滤器是机器学习的早期例子。机器学习通常会在准确性上超越旧的算法。

尽管机器学习算法多种多样，但数据可能比选定的算法更重要。数据可能会出现许多问题，例如数据不足、数据质量差、数据不正确、数据缺失、数据不相关、数据值重复等。在本章的后面，你将了解到一些用来解决许多数据相关问题的技术。

在机器学习中，数据集是数据的集合，形式可以是 CSV 文件或电子表格。每一列被称为一个特征；每一行是一个数据点，其中包含了每个特征的一系列特定值。如果数据集中包含的是有关客户的信息，则每一行代表一个特定的客户。

机器学习的类型

你会遇到 3 种主要类型的机器学习（也可能是它们的组合）：

● 监督学习；
● 无监督学习；
● 半监督学习。

监督学习意味着数据集中的数据点有一个标识其内容的标签。例如，MNIST 数据集包含的是 28×28（像素）的 PNG 文件，每个 PNG 文件包含一个手绘数字（即包含一个 0～9 的数字）。每个数字为 0 的图像都有标签"0"，每个数字为 1 的图像都有标签"1"，其他所有图像也都根据图像中显示的数字进行了标记。

再举一个例子，Titanic 数据集中的列是关于乘客的特征，例如性别、客舱等级、所购船票的票价、是否幸存等。每一行对应一个乘客的信息，如果乘客幸存，则设置"是否幸存"的标签值为 1。MNIST 数据集和 Titanic 数据集都属于分类任务数据集，目标是基于训练数据集训练出一个模型，然后预测出测试数据集中每行所属的类别。

一般来说，分类任务数据集的可能值的范围较小：0～9 范围内的一个数字，4 种动物（狗/猫/马/长颈鹿）中的一种，两个值（存活/死亡、购买/未购买）中的一个值。根据经验，如果结果的数量能在下拉列表中"相当好"地显示，那么这可能是一个分类任务。

对于一个包含房地产数据的数据集，其中的每一行包含了特定房屋的信息，如卧室数量、房屋面积、浴室数量、房屋价格等。在这个数据集中，房屋价格是每行的标签。请注意，房屋价格的范围太大，无法"合理地"放入下拉列表。因而，房地产数据集属于回归任务数据集，目标是基于训练数据集训练一个模型，然后在测试数据集中预测每栋房子的价格。

无监督学习涉及未标记的数据，这是聚类算法的典型情况（稍后讨论）。下面列出了一些重要的关于聚类的无监督学习算法：

● k 均值（k-mean）算法；
● 层次聚类分析（Hierarchical Cluster Analysis，HCA）；
● 期望最大化（Expectation Maximization，EM）。

下面列出了一些重要的关于降维的无监督学习算法（稍后将详细讨论）：

● 主成分分析（Principal Component Analysis，PCA）；
● 核主成分分析（kernel PCA）；
● 局部线性嵌入（Locally Linear Embedding，LLE）；
● t 分布式随机近邻嵌入（t-distributed Stochastic Neighbor Embedding，t-SNE）。

还有一种非常重要的无监督任务，叫作异常检测。这种任务与欺诈检测和异常值检测相关（稍后将详细讨论）。

半监督学习是监督学习和无监督学习的结合：一些数据点有标记，另一些数据点没有标记。有一种技术（如标签）使用标记数据来分类未标记的数据，这样就可以在之后应用分类算法了。

2.2 机器学习算法的类型

机器学习算法有 3 种主要类型：
- 回归（如线性回归）算法；
- 分类 [如 k 最近邻（k-Nearest-Neighbor，kNN）算法]；
- 聚类（如 k 均值算法）。

回归是一种预测数值的监督学习技术。回归任务的一个例子是预测特定股票的价格。请注意，此任务不同于预测股票价格明天（或其他未来时间段）上升还是下降。回归任务的另一个例子是在房地产数据集中预测房屋价格。

机器学习中的回归包括线性回归和广义线性回归（在传统统计学中也称为多元分析）。

分类也是一种监督学习技术，但它是用来预测分类的。分类任务的一个例子是检测垃圾邮件、欺诈，或者判断 PNG 文件（如 MNIST 数据集）中的数字。在这个例子中，数据已经做了标记，因此你可以对预测结果与已经关联标记的 PNG 文件进行比较。

机器学习中的分类算法（我们将在第 3 章中详细讨论它们）如下：
- 决策树（单树）；
- 随机森林（多树）；
- kNN 算法；
- 逻辑斯谛回归算法；
- 朴素贝叶斯；
- SVM。

一些机器学习算法（如 SVM、随机森林和 kNN 算法）同时支持回归和分类。以 SVM 为例，scikit-learn 提供了两个 API：用于分类的 SVC 和用于回归的 SVR。

上述每种算法都涉及在数据集上训练模型和使用模型进行预测。相比之下，随机森林由多棵独立的树（数量由你指定）组成，每棵树都预测一个相关特征的值。如果特征是数值型的，那么取平均值或众数（或执行一些其他计算）以确定"最终"的预测值。如果特征是分类的，那么使用众数（如最频繁出现的类别）作为结果；就好比打领带，你可以从最常用的领带中选择一条，随机打出一种时髦的样式。

聚类是一种无监督学习技术，用于将相似的数据分到一起。聚类算法能够将数据点放在不同的簇中，无须知道数据点的性质。在数据被归于不同的簇后，可以使用 SVM 来进行分类。

机器学习中的聚类算法如下（其中一些是另一些的变体）：
- k 均值算法；
- 均值漂移算法；
- 层次聚类分析；
- 期望最大化。

请记住以下两点：首先，k 均值算法中的 k 是一个超参数，通常是一个奇数，以避免两个类别之间产生平局；其次，均值漂移算法是 k 均值算法的变体，不需要指定 k 的值。事实上，均值漂移算法可以用来判定最佳的聚类数量。遗憾的是，均值漂移算法难以扩展应用于大型数据集。

机器学习任务

除非数据集已经过清洗，否则需要检查其中的数据，以确保数据集处于合适的状态。数据准备阶段包括：①检查行（"数据清洗"），以确保它们包含有效的数据（这可能需要特定领域的知识）；②检查列（特征选择或特征提取），以确定是否可以只保留最重要的列。

机器学习任务序列的高阶列表（其中一些可能不是必需的）如下：

- 获取数据集；
- 数据清洗；
- 特征选择；
- 降维；
- 算法选择；
- 训练/测试数据；
- 训练模型；
- 测试模型；
- 模型调优；
- 获取模型的度量指标。

首先，你显然需要为自己的任务准备一个数据集。理想情况下，这个数据集已经存在；否则，你需要从一个或多个数据源（如 CSV 文件、关系数据库、NoSQL 数据库、Web 服务等）中挑选数据。

其次，你需要执行数据清洗，这可以通过以下技术来完成：

- 缺失值比率；
- 低方差滤波器；
- 高相关滤波器。

通常，数据清洗包括检查数据集中的值，以解决以下一个或多个问题：

- 修复不正确的值；
- 解决重复值；
- 解决缺失值；
- 决定如何处理异常值。

如果数据集中有太多的缺失值，请使用缺失值比率技术。在极端情况下，你可能需要删除那些带有大量缺失值的特征。低方差滤波器技术可以从数据集中识别和删除带有固定值的特征。高相关滤波器技术可以查找高度相关的特征。这类特征会提高数据集中的多重共线性，可以从数据集中删除这类特征（在删除之前，请咨询领域专家）。

根据你所掌握的背景知识和数据集的性质，你可能需要与对数据集内容有深刻理解的领域专家合作。

例如，既可以使用合适的统计值（如平均值、众数等）替换掉不正确的值，也可以用类似的方式来处理重复值。你可以用数值列中的零值、最小值、平均值、众数或最大值替换掉缺失值。你还可以用分类列的众数替换掉缺失的分类值。

如果数据集中的一行包含异常值，那么你有如下 3 种选择：

- 删除该行；
- 保留该行；
- 用其他值（比如用平均值）替换掉异常值。

当数据集中包含异常值时，你需要根据针对给定数据集的领域知识来做出决策。

假设数据集中包含与股票相关的信息。你可能知道，美国在 1929 年发生了一次股灾，可以视为一次异常事件。这种情况很少发生，但可能包含很有价值的信息。

2.3　特征工程、特征选择和特征提取

除了创建数据集并"清洗"其中的值之外，你还需要检查数据集中的特征，以确定是否可以降低维度（即列的数量）。这个过程涉及如下 3 种主要技术：

- 特征工程；
- 特征选择；
- 特征提取（又称特征投影）。

特征工程是基于现有特征的组合来确定一组新特征的过程，以便为给定任务创建有意义的数据集。这一过程通常需要领域专业知识，即使在相对简单的数据集场景下也是如此。特征工程可能既烦琐又昂贵，在某些情况下，你可以考虑使用自动特征学习。创建完数据集后，最好执行特征选择或特征提取（或两者都执行），以确保拥有高质量的数据集。

特征选择也称为变量选择、属性选择或变量子集选择。特征选择包括选择数据集中相关特征的子集。在本质上，特征选择涉及选择数据集中"最重要"的特征，这带来了以下好处：

- 减少了训练时间；
- 更简单的模型，从而更易于解释；
- 避免"维度诅咒"；
- 减少了过拟合（即"减小了方差"），从而可以更好地泛化。

特征选择技术通常用于特征多、样本（或数据点）相对较少的领域。请记住，低价值的特征可能是多余的或不相关的。这是两个不同的概念。例如，当一个相关特征与另一个强相关特征结合时，前者可能是多余的。

特征选择包括 3 种策略：过滤策略（如信息增益）、封装策略（如准确率引导的搜索）和嵌入策略（在开发模型时用预测误差来确定是否采用或排除某些特征）。另一个事实也十分有趣：特征选择对于回归和分类任务都很有效。

特征提取是指从产生原始特征组合的函数中创建新的特征。相比之下，特征选择包括检测现有特征的子集。

特征选择和特征提取都会触发给定数据集的降维，详见 2.4 节。

2.4 降维

"降维"是指减少数据集中特征的数量。降维有许多种可用的技术，它们要么涉及特征选择，要么涉及特征提取。

使用特征选择来执行降维的算法如下：
- 反向特征消除；
- 前向特征选择；
- 因子分析；
- 独立成分分析。

使用特征提取来执行降维的算法如下：
- 主成分分析；
- 非负矩阵分解（Non-negative Matrix Factorization，NMF）；
- 核主成分分析；
- 基于图的核主成分分析；
- 线性判别分析（Linear Discriminant Analysis，LDA）；
- 广义判别分析（Generalized Discriminant Analysis，GDA）；
- 自动编码器。

以下算法结合了特征提取和降维：
- 主成分分析；
- 线性判别分析；
- 典型相关分析（Canonical Correlation Analysis，CCA）；
- 非负矩阵分解。

这些算法可以在对数据集使用聚类或其他算法（如 kNN 算法）之前的预处理步骤中使用。

另一组算法涉及基于投影的方法，包括 t-SNE 和 UMAP。

本节讨论 PCA，你可以在网上搜索其他算法的更多信息。

2.4.1 PCA

主成分是数据集中的初始变量通过线性组合形成的新成分。这些新成分之间是不相关的，最有意义或最重要的信息包含在这些新成分中。

PCA 有两个优点：①由于特征少得多而减少了计算时间；②当最多有 3 个成分时，可以绘制成分图。如果有 4 个或 5 个成分，你将无法直观地展示它们，但你可以选择含有 3 个成分的子集进行可视化，这样也许能带来对数据集的额外洞察。

PCA 使用方差作为信息的度量指标：方差越大，成分越重要。更进一步地讲，PCA 确定一个协方差矩阵（后面讨论）的特征值和特征向量，构造一个新的矩阵，新矩阵中的列是特征向量，最左边一列是最大特征值，从左到右递减，直至最右边的最小特征值。

2.4.2 协方差矩阵

被称为随机变量 x 的方差的统计量定义如下:

$$variance(x) = \frac{\sum_x (x - \overline{x})^2}{n}$$

协方差矩阵 C 是一个 $n×n$ 的矩阵, 其主对角线上的值是变量 x_1, x_2, …, x_n。C 中的其他值是每对变量 x_i 和 x_j 的协方差值。

变量 x 和 y 的协方差公式是变量方差公式的推广, 具体如下所示:

$$covariance(x, y) = \frac{\sum_{x,y} (x - \overline{x})(y - \overline{y})}{n}$$

请注意, 你可以颠倒相乘项的顺序 (即乘法是可交换的), 因此协方差矩阵 C 是对称矩阵:

$$covariance(x, y) = covariance(y, x)$$

PCA 能够计算协方差矩阵的特征值和特征向量。

2.5 使用数据集

除了清洗数据之外, 你还需要执行其他几个步骤, 例如选择训练数据和测试数据, 并决定在训练过程中是使用 "hold out" 还是使用交叉验证。后续章节将讨论更多细节。

2.5.1 训练数据与测试数据

至此 (已完成数据的清洗和可能的降维), 你已经准备好将数据集分成两部分: 第一部分是训练集 (即训练数据集), 用来训练模型; 第二部分是测试集 (即测试数据集), 用来 "推理" (另一个有关预测的术语)。确保你的测试集遵循以下准则:

● 它足够大, 可以产生统计上有意义的结果;
● 它可以代表整个数据集;
● 不要用测试数据进行训练;
● 不要用训练数据进行测试。

2.5.2 什么是交叉验证

交叉验证的目的是用不重叠的测试集测试一个模型, 具体执行步骤如下:
(1) 将数据集划分成大小相等的 k 个子集;
(2) 选择一个子集用于测试, 其他子集用于训练;
(3) 对其他 $(k–1)$ 个子集重复步骤 (2)。
这个过程被称为 k 折交叉验证, 总误差估计是误差估计的平均值。评估的常用方法是 10 折交叉验证。大量实验表明, 10 个子集是获得精确估计的最佳选择。实际上, 你可以重复 10 折交叉验证 10 次, 并计算结果的平均值, 这有助于减小方差。

2.6 节将讨论正则化，如果你主要对 TF 2 代码感兴趣，那么这是一个重要但可选的主题。而如果想成为机器学习专家，那么你必须学习正则化。

2.6 什么是正则化

正则化有助于解决过拟合问题。当模型在训练数据上表现良好，但在验证数据或测试数据上表现不佳时，就会出现过拟合。

正则化通过在成本函数中添加一个惩罚项来解决过拟合问题，这个惩罚项用于控制模型的复杂性。

正则化通常适用于以下情况：
- 具有大量变量；
- 观测值数量与变量数量的比值较低；
- 多重共线性较高。

正则化主要有两种类型：$L1$ 正则化（与 MAE 或差的绝对值有关）和 $L2$ 正则化（与 MSE 或差的平方有关）。总的来说，$L2$ 正则化比 $L1$ 正则化表现更好，在计算方面也更有效率。

2.6.1 机器学习和特征缩放

特征缩放旨在使数据的特征范围标准化。这个步骤是在数据预处理阶段执行的，部分原因在于梯度下降能从特征缩放中受益。

假设数据符合标准正态分布，标准化过程即对每个数据点减去平均值，除以标准差，使数据在总体上满足 $N(0, 1)$ 正态分布。

2.6.2 数据归一化与标准化

数据归一化是一种线性缩放技术。假设有数据集 $\{x_1, x_2, \cdots, x_n\}$ 与以下两项：

$$x_{\min} = \min\{x_1, x_2, \cdots, x_n\}$$
$$x_{\max} = \max\{x_1, x_2, \cdots, x_n\}$$

现在计算一组新的值 $x_i (i=1, 2, \cdots, n)$，如下所示：

$$x_i = (x_i - x_{\min})/(x_{\max} - x_{\min})$$

新的 x_i 值介于 0 和 1 之间。

2.7 偏差-方差权衡

机器学习中的偏差（bias）可能是机器学习算法中的错误假设造成的错误。高偏差可能导致算法错过特征和目标输出之间的相关关系（欠拟合）。预测偏差可能是"噪声"数据、不完整的特征集或有偏差的训练样本造成的。

偏差导致了模型的预期（或平均）预测值与你想要预测的正确值之间的差异，需要你多次重复模型构建过程，每次收集新数据，并进行分析以生成新模型。结果模型会有一个预测范围，因为基础数据集有一定程度的随机性。偏差旨在衡量这些模型的预测值偏离正确值的程度。

机器学习中的方差是预测值与均值的偏差的平方的期望值。高方差可能导致算法对训练数据中的随机噪声建模，而不是对预期输出建模（也就是过拟合）。

向模型添加参数会增加模型的复杂性、增大方差并减小偏差。处理偏差和方差就是处理欠拟合和过拟合。

对于给定的数据点，方差会减弱模型预测的稳定性，也需要你多次重复模型构建过程。方差是给定点的预测在模型的不同"实例"之间变化的程度。

2.8　模型的度量指标

模型常用的度量指标之一是 R^2，它用于度量数据与拟合回归线（回归系数）的接近程度。R^2 的值始终介于 0% 和 100% 之间。0% 表示模型没有解释响应数据围绕其平均值的任何可变性，100% 表示模型解释了响应数据围绕其均值的所有可变性。一般来说，R^2 的值越高，模型越好。

2.8.1　R^2 的局限性

高 R^2 值往往是我们期望的结果，但这不一定总是好的结果。同样，低 R^2 值也不一定总是不好的结果。例如，预测人类行为的 R^2 值通常小于 50%。此外，R^2 既不能确定系数估计和预测是否有偏差，也不能表明回归模型是否合适。因此，一个好的模型可能有低的 R^2 值，一个拟合不好的模型却可能有高的 R^2 值。建议结合残差图、其他模型统计信息和领域知识来评估 R^2 值。

2.8.2　混淆矩阵

最简单的混淆矩阵（又称错误矩阵）是一种两行两列的列联表，其中包含了假阳性、假阴性、真阳性和真阴性的数量。2×2 混淆矩阵中的 4 个值可以标记如下。

- 真阳性：TP。
- 假阳性：FP。
- 真阴性：TN。
- 假阴性：FN。

混淆矩阵的对角值代表正确的预测结果，其他值代表不正确的预测结果。例如，在医疗诊断中，FP 表示健康人被错误地诊断为患有疾病，而 FN 表示患有疾病的人被错误地诊断为健康。

2.8.3　准确率、精确率、召回率

2×2 的混淆矩阵有 4 个值，代表正确和不正确分类的不同组合。这里给出精确率（precision）、准确率（accuracy）和召回率（recall）的定义公式，如下所示。

$$精确率 = \frac{TP}{TN + FP}$$

$$准确率 = \frac{TP + TN}{TP + TN + FP + FN}$$

$$召回率 = \frac{TP}{TP + FN}$$

准确率可能是一个不可靠的指标，因为它会在不平衡的数据集上产生误导性结果。当不同类别中的观察样本数量存在显著不同时，它对假阳性和假阴性分类给予同等的重要性。例如，将癌症宣布为良性比错误地告知患者他们患有癌症更糟糕。遗憾的是，准确率无法区分这两种情况。

记住，混淆矩阵可以是 $n×n$ 矩阵，而不仅限于 2×2 矩阵。例如，如果一个类别有 5 个可能的值，那么混淆矩阵就是一个 5×5 矩阵，其主对角线上的数字反映了预测正确的结果的数量。

2.8.4　ROC 曲线

ROC（Receiver Operating Characteristic，受试者工作特征）曲线是关于 TPR 和 FPR 的曲线（以 TPR 为纵轴，以 FPR 为横轴），TPR 是真阳性率（即召回率），FPR 是假阳性率。请注意，TNR（真阴性率）又称为特异性。

scikit-learn 网站提供了使用 SKLearn 和 Iris 数据集的 Python 代码示例，以及绘制 ROC 曲线的代码。

stackoverflow 网站提供了用于绘制 ROC 曲线的各种 Python 代码示例。

2.9　其他有用的统计学术语

机器学习依赖许多统计量来评估模型的有效性，以下列表列出了其中的一些：
- RSS（Sum of Squares of Residuals，残差平方和）；
- TSS（Total Sum of Squares，总离差平方和）；
- R^2；
- F_1 值；
- p 值。

RSS、TSS 和 R^2 的定义如下所示，其中 $\hat{y}$ 是最佳拟合线上某点的 y 坐标，$\bar{y}$ 是数据集中各点 y 值的均值：

$$RSS = \sum_y (y - \hat{y})^2$$

$$TSS = \sum_y (y - \bar{y})^2$$

$$R^2 = 1 - \frac{RSS}{TSS}$$

2.9.1　F_1 值是什么

F_1 值是用于测试准确率的度量指标，它被定义为精确率和召回率的调和均值。以下是相关公式，其中 p 是精确率，r 是召回率：

$$p = \frac{\text{正确阳性结果的数量}}{\text{所有阳性结果的数量}}$$

$$r = \frac{\text{正确阳性结果的数量}}{\text{所有相关样本的数量}}$$

$$F_1 = \frac{1}{\frac{1/r + 1/p}{2}} = \frac{2pr}{p+r}$$

F_1 的最佳值为 1，最差值为 0。请记住，F_1 值往往用于分类任务，而 R^2 值往往用于回归（如线性回归）任务。

2.9.2　p 值是什么

如果 p 值足够小（$p < 0.005$），则 p 值可用于否定零假设，以体现更高的显著性。回想一下，零假设宣称因变量（如 y）和自变量（如 x）之间没有相关性。p 的阈值通常为 1% 或 5%。

没有足够直观的计算 p 值的公式，p 值总是介于 0 和 1 之间。事实上，p 值是用于评估所谓的"零假设"的统计量，它们是通过 p 值表的均值或者由电子表格或统计软件计算出来的。

2.10　什么是线性回归

线性回归的目标是找到能够"代表"数据集的最佳拟合线。请记住两个要点。首先，最佳拟合线不一定通过数据集中的所有（甚至大多数）点。最佳拟合线的目标是实现与数据集中各点的垂直距离最短。其次，线性回归不能确定最佳拟合多项式，后者用于查找一个更高次的多项式，以通过数据集中的大多数点。

此外，平面中的数据集可以包含位于同一竖直线上的两个或多个点，也就是说，这些点具有相同的 x 值，然而函数不能通过一对这样的点。如果函数曲线上的两个点 (x_1, y_1) 和 (x_2, y_2) 具有相同的 x 值，那么它们必须具有相同的 y 值（即 $y_1 = y_2$）。另外，一个函数可以有两个或更多个位于同一水平线上的点。

现在考虑一个散点图，其平面上有许多点"聚类"成一个细长的云状形态：最佳拟合线可能只与数量有限的点相交（事实上，最佳拟合线可能不与任何点相交）。

另一个要记住的情况是：假设一个数据集中包含一系列位于同一条线上的点，例如，假设 x 值在集合 {1, 2, 3, …, 10} 中，且 y 值在集合 {2, 4, 6, …, 20} 中，那么最佳拟合线的方程是 $y = 2x + 0$。在这种情况下，所有的点都是共线的，也就是说，它们位于同一条直线上。

2.10.1 线性回归与曲线拟合

假设一个数据集由 n 个(x, y)形式的数据点组成，并且这些数据点中没有任何两个点具有相同的 x 值。根据数学中一个广为人知的说法，存在一个小于或等于$(n-1)$阶的多项式通过这 n 个点（如果你感兴趣，可以在网上找到这个说法的数学证明）。例如，平面上任意一对不在同一条竖直线上的点都可以被一条一次多项式的函数曲线（实际上是一条直线）连接；对于平面上的任何 3 个点（它们不都在同一条竖直线上），都有一个二次方程能通过这 3 个点。

此外，有时可以使用更低阶的多项式。例如，考虑 100 个点的集合，此时 x 值等于 y 值：在这种情况下，直线 $y=x$（一次多项式）穿过所有点。

不过，请记住，一条线"代表"平面中一组点的程度取决于这些点与这条线的近似程度，这是用点的方差来衡量的（方差是一个统计量）。点的分布越接近这条线，方差就越小；反之，点的分布越"分散"，方差就越大。

2.10.2 什么时候解是精确值

虽然基于统计的解为线性回归提供了封闭形式的解，但神经网络提供了近似解。这是因为，用于线性回归的机器学习算法涉及一系列近似过程，这些近似过程将"收敛"到最优值，这意味着机器学习算法能对精确值进行估计。例如，二维平面上的一组点的最佳拟合线的斜率 m 和 y 截距 b 在统计学上具有封闭形式的解，但是通过机器学习算法只能得到近似解（例外确实存在，但很罕见）。

请记住，即使"传统"线性回归的封闭形式解为 m 和 b 提供了精确值，有时也只能使用精确值的近似值。例如，假设最佳拟合线的斜率 m 等于 3 的平方根，y 截距 b 是 2 的平方根。如果准备在源代码中使用这些值，则只能使用这两个数字的近似值。在同一场景中，神经网络计算 m 和 b 的近似值，而不管 m 和 b 的精确值是无理数、有理数还是整数。然而，机器学习算法更适合复杂、非线性的多维数据集，这超出了线性回归的能力。

举个简单的例子，假设线性回归问题的封闭形式的解为 m 和 b 产生了有理数。具体来说，让我们假设一个封闭形式的解产生的最佳拟合线的斜率和 y 截距分别为 2.0 和 1.0，则这条线的方程式是这样的：

$$y = 2.0\,x + 1.0$$

然而，训练神经网络得到的相应解可能是斜率 m 和 y 截距 b 分别为 2.0001 和 0.9997，它们可以作为最佳拟合线的斜率 m 和 y 截距 b 的值。请永远记住这一点，尤其是在训练神经网络的时候。

2.10.3 什么是多元分析

多元分析将欧几里得平面中的直线方程推广到了更高维度，它被称为超平面而不是直线。推广的方程具有以下形式：

$$y = w_1 x_1 + w_2 x_2 + \cdots + w_n x_n + b$$

在二维线性回归中，你只需要找到斜率 m 和 y 截距 b 的值；而在多元分析中，你需要找到 $w_1, w_2, \cdots, w_n$ 的值。请注意，多元分析是来自统计学的术语，在机器学习中，它通常被称为"广义线性回归"。

请记住，本书中大多数关于线性回归的代码示例所涉及的就是欧几里得平面中的二维点。

2.11　其他类型的回归

线性回归可以找到"代表"数据集的最佳拟合线，但是，如果平面中没有一条线适合数据集，那会怎样？当使用数据集时，你需要考虑这个相关的问题。

线性回归的一些替代方法包括二次方程、三次方程或高阶多项式。然而，这些替代方案都涉及权衡，我们稍后将进行讨论。

另一种可能性是一种混合方法，涉及分段线性函数，函数曲线由一组线段组成。连续的线段如果相连，那么就是分段线性连续函数，否则就是分段线性不连续函数。

因此，给定平面上的一组点，回归需要解决以下问题。

● 　什么类型的曲线拟合数据效果好？我们又是如何知道的？
● 　另一种类型的曲线是否更适合数据？
● 　"最佳拟合"是什么意思？

检查曲线是否适合数据的一种方法是观察曲线，但这种方法不适用于高于二维的数据点。此外，这是一种主观判断，本章稍后将展示一些样本数据集。通过观察样本数据集，你可能会发现二次或三次（甚至更高次的）多项式有可能更适合数据。不过，观察曲线可能仅适用于二维或三维情况。

先不讨论非线性场景，让我们假设有一条线非常适合数据。有一种广为人知的技术可以为这样的数据集找到最佳拟合线，这种技术涉及最小化 MSE。

2.12 节将快速回顾平面线性方程的内容，并提供一些说明平面线性方程例子的图像。

2.12　使用平面中的线（可选）

本节将对欧几里得平面中的线进行简短回顾，如果你对这个主题已经比较熟悉，则可以跳过这一节。欧几里得平面中的线是无限长的，这是一个经常被忽视的小问题。如果选择一条线上的两个不同点，则这两个点之间的所有点形成线段。射线是一条"半无限"的线：当选择一个点作为端点时，这条线一侧的所有点就构成了一条射线。

例如，平面中 y 坐标为 0 的点是一条线，也就是 x 轴，而 x 轴上 $(0,0)$ 和 $(1,0)$ 之间的点形成一条线段。此外，x 轴上位于 $(0,0)$ 及其右侧的点形成一条射线，位于 $(0,0)$ 及其左侧的点也形成一条射线。

为方便起见，本书将交替使用术语"线"和"线段"，现在让我们来深入研究欧几里得平面中关于线的细节。为了防止你被细节搞迷糊，我们在这里列出欧几里得平面中一条（非竖直）线的方程：

$$y = mx + b$$

其中 m 是这条线的斜率，b 是 y 截距（即这条线与 y 轴相交的点的纵坐标）。

如果需要，你可以使用一个更通用的等式，它也可以表示竖直线，如下所示。

$$ax + by + c = 0$$

不过，我们不使用竖直线，所以还是坚持使用前一个公式吧。

图 2.1 显示了 3 条水平线，其方程（从上到下）分别为 $y = 3$、$y = 0$ 和 $y = -3$。

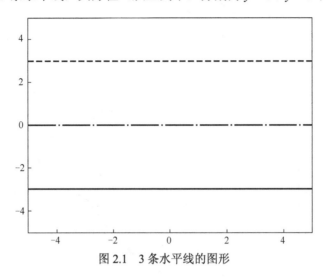

图 2.1　3 条水平线的图形

图 2.2 显示了两条对角斜线，其方程分别为 $y = x$ 和 $y = -x$。

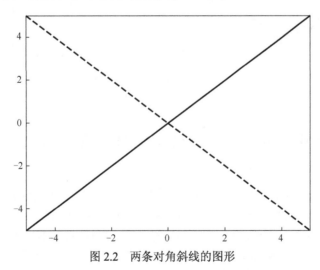

图 2.2　两条对角斜线的图形

图 2.3 显示了两条倾斜的平行线，其方程分别为 $y = 2x$ 和 $y = 2x+3$。

图 2.4 显示了由相连线段组成的分段线性图。

现在让我们将注意力转向用 NumPy API 生成的准随机数据，然后用 matplotlib 绘制数据。

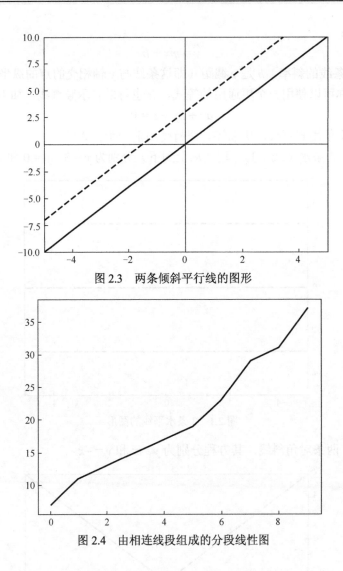

图 2.3 两条倾斜平行线的图形

图 2.4 由相连线段组成的分段线性图

2.13 用 NumPy 和 matplotlib 画散点图（1）

清单 2.1 显示了 np_plot1.py 的内容，说明了如何使用 NumPy 的 randn() API 生成数据集，然后使用 matplotlib 的 scatter() API 绘制数据集中的点。

请注意一个细节：所有相邻的水平值都是等距的，而垂直值则基于一个线性方程再加上一个"扰动"值。这种"微扰技术"（这并非标准术语）在本章的其他代码示例中也会被用到，以便在绘制点时附带一些稍微随机的效果。这种技术的优点在于预先知道了 m 和 b 的最佳拟合值，因此不需要猜测它们的值。

清单 2.1 np_plot1.py

```
import numpy as np
import matplotlib.pyplot as  plt
```

```
x = np.random.randn(15,1)
y = 2.5*x + 5 + 0.2*np.random.randn(15,1)

print("x:",x)
print("y:",y)

plt.scatter(x,y)
plt.show()
```

清单 2.1 中包含两个 `import` 语句，然后用 15 个 0～1 的随机数对数组变量 x 进行初始化。

接下来，数组变量 y 被定义为两部分：第一部分是线性方程 $2.5x + 5$，第二部分是基于随机数的"扰动"值。这样，数组变量 y 便可模拟出一组非常接近线段的值。

这种技术十分适合用在这个模拟线段的代码示例中，然后使用训练部分逼近最佳拟合线的 m 和 b 值。显然，我们已经知道最佳拟合线的方程：这种技术的目的是对斜率 m 和 y 截距 b 的训练值与已知值（在本例中为 2.5 和 5）进行比较。

清单 2.1 的部分输出如下：

```
x:[[-1.42736308]
 [0.09482338]
 [-0.45071331]
 [ 0.19536304]
 [-0.22295205]
//为简洁起见，省略了其他值
y: [[1.12530514]
 [5.05168677]
 [3.93320782]
 [5.49760999]
 [4.46994978]
//为简洁起见，省略了其他值
```

图 2.5 显示了基于 x 和 y 值的散点图。

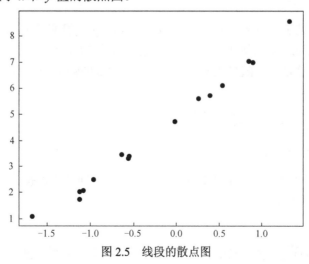

图 2.5　线段的散点图

为什么"微扰技术"有用

你已经看到了如何使用"微扰技术"，作为比较，考虑这样一个数据集，其中包含了由数组 X 和 Y 定义的点，如下所示：

```
X = [0,0.12,0.25,0.27,0.38,0.42,0.44,0.55,0.92,1.0]
Y = [0,0.15,0.54,0.51,0.34,0.1,0.19,0.53,1.0,0.58]
```

如果需要为上面的数据集找到最佳拟合线，你会如何猜测斜率 m 和 y 截距 b 的值？在大多数情况下，你可能无法猜出它们的值。另外，"微扰技术"使你能够"抖动"预先指定了斜率 m（以及 y 截距 b）的直线上的点。

请记住，"微扰技术"仅在引入小的随机值时有效，这些随机值不会造成 m 和 b 数值的差异。

2.14　用 NumPy 和 matplotlib 画散点图（2）

清单 2.1 中的代码给 x 分配了随机值，而给斜率 m 分配了硬编码值。y 值是 x 值的硬编码倍数，再加上通过"微扰技术"计算的随机值。因此，我们并不知道 y 截距 b 的值。

在本节中，`trainX` 的值是基于 `np.linspace()` API 产生的，而 `trainY` 的值涉及 2.13 节描述的"微扰技术"。

本例中的代码只是简单输出了对应欧几里得平面中数据点的 `trainX` 和 `trainY` 值。清单 2.2 显示了 np_plot2.py 的内容，说明了如何在 NumPy 中模拟线性数据集。

清单 2.2　np_plot2.py

```
import numpy as np

trainX = np.linspace(-1, 1, 11)
trainY = 4*trainX + np.random.randn(*trainX.shape)*0.5

print("trainX:", trainX)
print("trainY:", trainY)
```

清单 2.2 首先通过 linspace() API 初始化 NumPy 数组变量 `trainX`，然后初始化由两部分定义而成的 NumPy 数组变量 `trainY`。第一部分的 4*trainX 是线性项；第二部分涉及"微扰技术"，这是一个随机生成的数字。清单 2.2 的输出如下所示：

```
trainX: [ -1. -0.8  -0.6 -0.4  -0.2  0.  0.2  0.4  0.6  0.8  1. ]
trainY: [-3.60147459 -2.66593108 -2.26491189
        -1.65121314 -0.56454605  0.22746004
         0.86830728  1.60673482  2.51151543
         3.59573877  3.05506056]
```

2.15 节提供了一个类似于清单 2.2 的示例，它使用相同的"微扰技术"来生成一组近似二次方程的点而不是线段。

2.15　用 NumPy 和 matplotlib 画二次散点图

清单 2.3 显示了 np_plot_quadratic.py 的内容，说明了如何在平面上绘制二次函数。

清单 2.3　np_plot_quadratic.py

```
import numpy as np
import matplotlib.pyplot as plt

#看看这组值会发生什么
#x = np.linspace(-5,5,num=100)

x = np.linspace(-5,5,num=100)[:,None]
y = -0.5 + 2.2*x +0.3*x**2 + 2*np.random.randn(100,1)
print("x:",x)

plt.plot(x,y)
plt.show()
```

清单 2.3 通过 np.linspace() API 生成的值来初始化数组变量 x，在本例中，x 是一组 100 个等间距的十进制数，它们都介于–5 和 5 之间。请注意 x 初始化中的代码片段[:,None]，它产生了一个元素数组，其中的每个元素都是由单个数字组成的数组。

数组变量 y 被定义为两部分：第一部分是二次表达式–0.5+2.2x+0.3x^2，第二部分是基于随机数的"扰动"值（类似于清单 2.1 中的代码）。因此，y 模拟了一组逼近二次方程的值。清单 2.3 的输出如下所示：

```
x:
[[-5.       ]
 [-4.8989899 ]
 [-4.7979798 ]
 [-4.6969697 ]
 [-4.5959596 ]
 [-4.49494949]
 //为简洁起见，省略了部分值
 [ 4.8989899 ]
 [ 5.       ]]
```

图 2.6 显示了基于 x 和 y 值的点的散点图，它们具有与二次方程近似的形状。

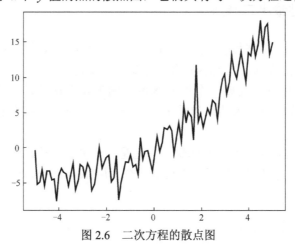

图 2.6　二次方程的散点图

2.16　MSE 公式

简单来说，MSE 的计算方式是，用实际 y 值和预测 y 值之差的平方和除以点的数量。请注意，预测的 y 值是每个点在最佳拟合线上时的 y 值。

虽然 MSE 在线性回归中很流行，但还有其他可用的误差类型，我们将在 2.16.1 节中简要讨论其中的一些。

2.16.1   误差类型列表

虽然本书只讨论线性回归的 MSE，但还有其他类型的误差可以用于线性回归，其中一些如下所示：

- MSE；
- RMSE；
- RMSprop；
- MAE。

MSE 是上述误差类型的基础。例如，RMSE（Root Mean Squared Error，均方根误差）是 MSE 的平方根。

MAE（Mean Absolute Error，平均绝对误差）是 y 项差的绝对值之和（而不是 y 项差的平方），然后除以项的数量。

RMSprop 利用最近梯度的幅值来归一化梯度。具体来说，RMSprop 在 RMS（Root Mean Squared，均方根）梯度上保持移动的平均值，然后用当前梯度除以该项。

虽然计算 MSE 的导数更容易，但是 MSE 确实更容易受到异常值的影响，而 MAE 则不容易受到异常值的影响。原因很简单：平方项可以明显大于项的绝对值。例如，如果一个差项是 10，那么被加到 MSE 上的就是一个平方项 100，而 MAE 只会加 10。类似地，如果一个差项是 –20，那么平方项 400 被加到 MSE 上，而只有 20（它是–20 的绝对值）被加到 MAE 上。

2.16.2   非线性最小二乘法

在预测房屋价格时，数据集包含的值范围很广，线性回归或随机森林等技术可能会使模型过拟合具有最高值的样本，以减小平均绝对误差等数值。

在这种情况下，你可能需要一个误差度量，例如相对误差，以降低用最大值拟合样本的重要性。这种技术被称为非线性最小二乘法，它可以对标签和预测值进行基于对数的转换。

2.17 节～2.20 节提供了 3 个代码示例，首先是一个关于手动计算 MSE 的例子，接下来是一个使用 NumPy 执行计算的例子，最后是一个使用 TensorFlow 计算 MSE 的例子。

2.17   手动计算 MSE

本节提供了两个线图，两者都包含了一条逼近散点图中一系列点的线。

图 2.7 显示了一条逼近散点图中多个点的线（其中一些点与这条线相交）。图 2.7 中直线的 MSE 计算如下：

MSE =(1×1+(−1)×(−1)+(−1)×(−1)+1×1)/7 = 4/7

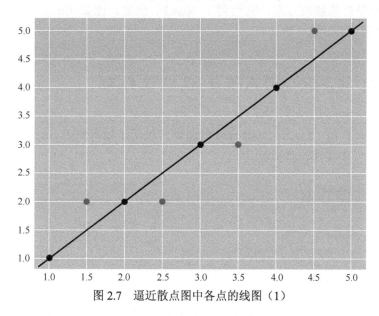

图 2.7 逼近散点图中各点的线图（1）

图 2.8 也显示了一组点和一条线，这条线是数据最佳拟合线的潜在候选。图 2.8 中直线的 MSE 计算如下：

MSE =((−2)×(−2)+2×2)/7 = 8/7

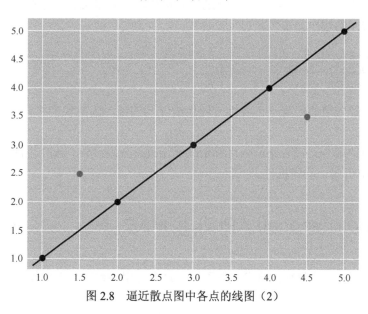

图 2.8 逼近散点图中各点的线图（2）

因此，与图 2.8 中的线相比，图 2.7 中线的 MSE 更小，这是不是让你感到惊讶（或者你猜对了）？

在图 2.7 和图 2.8 中，我们可以轻松地快速计算出 MSE，但总的来说，计算 MSE 不是一件容易的事。例如，如果我们在欧几里得平面上画 10 个点，这些点没法与一条线靠得太近，每个点都包含了非整数值，我们可能需要一个计算器。

这里有一个更好的解决方案，它用到了 NumPy 函数，比如 np.linspace() API，我们将在 2.18 节中讨论。

2.18　用 np.linspace() API 近似线性数据

清单 2.4 显示了 np_linspace1.py 的内容，说明了如何使用 np.linspace() API 结合"微扰技术"来生成一些数据。

清单 2.4　np_linspace1.py

```
import numpy as np

trainX = np.linspace(-1, 1, 6)
trainY = 3*trainX+ np.random.randn(*trainX.shape)*0.5

print("trainX: ", trainX)
print("trainY: ", trainY)
```

这个示例的目标仅仅是生成和显示一组随机的数字。在本章的后面，我们将使用这段代码作为真实线性回归任务的起点。

清单 2.4 从数组变量 trainX 的定义开始，它是通过 np.linspace() API 进行初始化的。接下来，数组变量 trainY 是通过"微扰技术"来定义的，你在之前的代码示例中看到过。清单 2.4 的输出如下所示：

```
trainX: [-1. -0.6 -0.2 0.2 0.6 1. ]
trainY: [-2.9008553 -2.26684745 -0.59516253
        0.66452207  1.82669051  2.30549295]
```

既然我们已经知道如何为一个线性方程生成(x, y)的值，因此我们将在 2.19 节中讨论如何计算 MSE。

下一个示例使用 np.linspace() 和 np.random.randn() API 生成了一组数据值，以便在数据点中引入一些随机性。

2.19　用 np.linspace() API 计算 MSE

本节中的代码与本章早期的许多代码不同：这里使用硬编码数组来代替"微扰技术"。因此，你将不知道斜率和 y 截距的正确值（并且你可能无法猜测它们的正确值）。清单 2.5 显示了 plain_linreg1.py 的内容，说明了如何用模拟数据来计算 MSE。

清单 2.5　plain_linreg1.py

```
import numpy as np
import matplotlib.pyplot as plt
```

```
X = [0,0.12,0.25,0.27,0.38,0.42,0.44,0.55,0.92,1.0]
Y = [0,0.15,0.54,0.51,0.34,0.1,0.19,0.53,1.0,0.58]

costs = []
#第1步:参数初始化
W = 0.45
b = 0.75

for i in range(1, 100):
    #第2步:计算成本
    Y_pred = np.multiply(W, X) + b
    Loss_error = 0.5 * (Y_pred - Y)**2
    cost = np.sum(Loss_error)/10

    #第3步:计算 dw 和 db
    db = np.sum((Y_pred-Y))
    dw = np.dot((Y_pred-Y), X)
    costs.append(cost)

    #第4步:更新参数
    W = W - 0.01*dw
    b = b - 0.01*db

    if i%10 == 0:
        print("Cost at", i,"iteration = ", cost)
#第5步:通过100次迭代的 for 循环,画出成本与迭代次数
print("W = ", W,"& b = ", b)
plt.plot(costs)
plt.ylabel('cost')
plt.xlabel('iterations (per tens)')
plt.show()
```

清单 2.5 用硬编码值初始化数组 X 和 Y, 然后初始化标量 W 和 b。清单 2.5 随后的部分包含了一个重复 100 次的 for 循环。在 for 循环的每次迭代之后,计算变量 Y_pred、Loss_error 和 cost。接下来,分别基于数组 Y_pred-Y 中的项之和以及数组 Y_pred-Y 和 X 的内积,计算 dw 和 db。

请注意 W 和 b 是如何更新的:它们的值分别递减了 0.01*dw 和 0.01*db。这种计算应该看起来有点熟悉:代码正在编程计算 W 和 b 的梯度近似值,将这两个值都乘以学习率(硬编码值 0.01),并且将结果项从 W 和 b 的当前值递减,以便为 W 和 b 产生新的近似值。虽然这种技术非常简单,但是它确实能为 W 和 b 计算出合理的值。

清单 2.5 中的最后一段代码显示了 W 和 b 的中间近似值,以及成本与迭代次数的关系图。清单 2.5 的输出如下所示:

```
Cost at 10 iteration = 0.04114630674619492
Cost at 20 iteration = 0.026706242729839392
Cost at 30 iteration = 0.024738889446900423
Cost at 40 iteration = 0.023850565034634254
Cost at 50 iteration = 0.0231499048706651
Cost at 60 iteration = 0.02255361434242207
Cost at 70 iteration = 0.0220425055291673
Cost at 80 iteration = 0.021604128492245713
Cost at 90 iteration = 0.021228111750568435
W = 0.47256473531193927 & b = 0.19578262688662174
```

　　图 2.9 显示了由清单 2.5 中的代码生成的散点图,其中纵轴为成本,横轴为迭代次数。

　　代码示例 `plain-linreg2.py` 与清单 2.5 中的代码示例类似。不同之处在于,不是单单执行 100 次迭代的单层循环,而是执行 100 次外部循环,并且在外部循环的每次迭代期间,也执行 100 次内部循环。

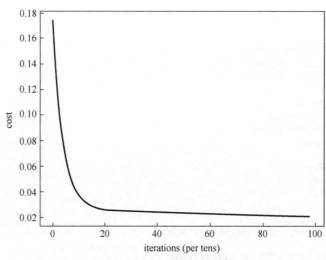

图 2.9　线性回归的 MSE 值

2.20　用 Keras 进行线性回归

　　本节中的代码示例主要包含 Keras 代码,以便执行线性回归。如果你已经阅读了本章前面的例子,这一部分理解起来将会更容易,因为线性回归的步骤是相同的。

　　清单 2.6 显示了 `keras_linear_regression.py` 的内容,它说明了如何在 Keras 中执行线性回归。

清单 2.6　keras_linear_regression.py

```
#############################################################
#请记住以下要点:
#1)始终标准化输入特征和目标变量:
#    仅在输入特征上这样做才会产生不正确的预测
#2)数据可能不是正态分布的:
#    检查数据并基于分布应用 StandardScaler、MinMaxScaler、Normalizer 或 RobustScaler
#############################################################

import tensorflow as tf
import numpy as np
import panda as pd
import seaborn as sns
import matplotlib.pyplot as plt
from sklearn.preprocessing import MinMaxScaler
from sklearn.model_selection import train_test_split
```

```
df = pd.read_csv('housing.csv')
X = df.iloc[:,0:13]
y = df.iloc[:,13].values

mmsc = MinMaxScaler()
X = mmsc.fit_transform(X)
y = y.reshape(-1, 1)
y = mmsc.fit_transform(y)


X_train, X_test, y_train, y_test = train_test_ split(X,y,test_size=0.3)
#这个 Python 方法用于创建一个 Keras 模型
def build_keras_model():
  model = tf.keras.models.Sequential()
  model.add(tf.keras.layers.Dense(units = 13,input_dim=13))
  model.add(tf.keras.layers.Dense(units = 1))

  model.compile(optimizer='adam',loss='mean_squared_error', metrics=['mae','accuracy'])
  return model

batch_size=32
epochs = 40

#指定 Python 方法'build_keras_model'来创建 Keras 模型
#使用 Keras 的 scikit-learn 回归器应用编程接口实现
model = tf.keras.wrappers.scikit_learn.KerasRegressor(build_fn = build_keras_model,
  batch_size=batch_size,epochs = epochs)

#对模型进行训练('fit'),然后进行预测
model.fit(X_train,y_train)
y_pred = model.predict(X_test)
#print("y_test:",y_test)
#print("y_pred:",y_pred)

#测试值-预测散点图
fig,ax = plt.subplots()
ax.scatter(y_test,y_pred)
ax.plot([y_test.min(),y_test.max()],[y_test.min(),y_test.max()],'r*--')
ax.set_xlabel('Calculated')
ax.set_ylabel('Predictions')
plt.show()
```

清单 2.6 从多个 import 语句开始，然后用数据集 housing.csv 的内容初始化数据帧 df（清单 2.7 显示了其中的一部分）。请注意，训练集 X 是用数据集 housing.csv 前 13 列的内容初始化的，变量 y 包含数据集 housing.csv 的最右列。

清单 2.6 中的下一部分使用 MinMaxScaler 类来计算平均值和标准偏差，然后调用 fit_transform() 方法来更新 X 值和 y 值，这样，它们的平均值为 0，标准偏差为 1。

接下来，使用 Python 方法 build_keras_mode() 创建一个带有两个稠密层的 Keras 模型。请注意，输入层的大小为 13，即数据帧 X 中的列数。清单 2.6 的下一部分使用 adam 优化器和 MSE（作为损失函数）来编译模型，并且指定了 MAE 和准确率作为度量指标，

最后将编译后的模型返回给调用者。

清单 2.6 的下一部分将 batch_size 变量初始化为 32，并将 epochs 变量初始化为 40，然后在创建模型的代码片段中指定它们，如下所示：

```
model = tf.keras.wrappers.scikit_learn.KerasRegressor(build_fn=build_keras_model,
    batch_size=batch_size,epochs=epochs)
```

清单 2.6 中出现的简短注释块解释了前面代码片段中构建 Keras 模型的目的。

清单 2.6 的下一部分调用 fit() 方法来训练模型，然后对 X_test 数据调用 predict() 方法来计算一组预测值，并用这些预测值来初始化变量 y_pred。

清单 2.6 的最后一部分显示了一个散点图，其中横轴是 y_test 中的值（数据集 housing.csv 中的实际值），纵轴是一组预测值。

图 2.10 显示了基于测试值及预测值的散点图。

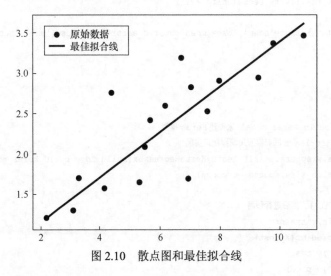

图 2.10　散点图和最佳拟合线

清单 2.7 显示了数据集 housing.csv 中的前 4 行。

清单 2.7　housing.csv 中的前 4 行

```
0.00632,18,2.31,0,0.538,6.575,65.2,4.09,1,296,15.3,396.9,4.98,24
0.02731,0,7.07,0,0.469,6.421,78.9,4.9671,2,242,17.8,396.9,9.14,21.6
0.02729,0,7.07,0,0.469,7.185,61.1,4.9671,2,242,17.8,392.83,4.03,34.7
0.03237,0,2.18,0,0.458,6.998,45.8,6.0622,3,222,18.7,394.63,2.94,33.4
```

2.21　总结

本章首先介绍了机器学习中的一些概念，如特征选择、特征工程、数据清洗、训练集、测试集等；然后介绍了监督学习、无监督学习和半监督学习；接下来介绍了回归任务、分类任务和聚类，以及准备数据集通常需要执行的步骤，这些步骤包括可以使用各种算法来执行的"特征选择"或"特征提取"；最后介绍了数据集中的数据可能出现的问题，以及如何纠正这些问题。

　　此外，你还学习了线性回归，以及如何为欧几里得平面中的数据集计算最佳拟合线。你看到了如何使用 NumPy 来执行线性回归，以便用数据值对数据进行初始化。你还看到了一种"微扰技术"，以便为 y 值引入随机性。这种技术很有用，因为它让你知道了最佳拟合线的斜率和 y 截距的正确数值，从而与训练值进行比较。

　　本章不仅介绍了如何在采用 Keras 的代码示例中执行线性回归，还介绍了如何使用 matplotlib 来显示最佳拟合线，以及如何在与训练相关的代码块中显示成本-迭代次数的曲线图。

第 3 章 机器学习分类器

本章介绍了机器学习中的许多分类算法，如 kNN（k 最近邻）算法、逻辑斯谛回归（尽管名字中有"回归"的字眼，但它是一个分类器）、决策树、随机森林、SVM 和贝叶斯分类器。对算法的强调旨在向你介绍机器学习，本章的前半部分包括一个依赖于 scikit-learn 的基于树的代码示例，后半部分则包括标准数据集的基于 Keras 的代码示例。

由于篇幅受限，本章不涉及其他知名算法，如线性判别分析和 k 均值算法（用于无监督学习和聚类）。但是，有许多在线教程讨论了机器学习中的这些算法和其他算法。

本章分为 4 部分。本章的第 1 部分（3.1 节～3.10 节）简要讨论了上面提到的分类器。本章的第 2 部分（3.11 节～3.15 节）概述了激活函数——如果你决定学习深度神经网络，这将非常有用。在这一部分，你将学习如何以及为什么要在神经网络中使用它们。这一部分还包含一个激活函数的 TensorFlow API 列表，以及一些关于它们的优点的描述。本章的第 3 部分（3.16 节）介绍了逻辑斯谛回归，它依赖于 Sigmoid 函数，Sigmoid 函数也被用于 RNN（循环神经网络）和 LSTM（长短期记忆）。本章的第 4 部分（3.17 节）包含一个涉及逻辑斯谛回归和 Iris 数据集的代码示例。

分类器是机器学习中的如下 3 种主要算法类型之一：回归算法（如第 2 章中的线性回归）、分类算法（我们将在本章中讨论）、聚类算法（如 k 均值算法，本书未讨论）。

关于激活函数的部分确实涉及对神经网络中隐藏层的基本理解。根据你掌握的情况，在深入阅读本章的第 2 部分之前，如果能先阅读一些准备材料（网上有很多相关文章），对你的学习将会大有好处。

3.1　什么是分类

给定一个包含类成员已知的观测值的数据集，分类是确定新数据点所属类的任务。这里的类是指类别，也称为目标或标签。例如，电子邮件服务供应商执行的垃圾邮件检测涉及二分类（只有两个类别）。MNIST 数据集包含一组图像，其中的每个图像都是一位数，这意味着有 10 个标签。分类中的一些应用包括信贷审批、医疗诊断和目标营销。

3.1.1　什么是分类器

在第 2 章，你知道了线性回归是在数值数据上进行监督学习，目标是训练可以进行数值预测的模型（例如，明天的股票价格、系统的温度、气压等）。相比之下，分类器是在分类数据上进行监督学习，目标是训练可以做出分类预测的模型。

例如，假设数据集中的每一行都是特定的一种葡萄酒，每一列都与特定的葡萄酒特征（单宁含量、酸度等）相关。进一步假设数据集中有 5 类葡萄酒，为简单起见，我们将它们标记为 A、B、C、D 和 E。给定一个新的数据点，即一个新的数据行，这个数据集的分类器试图确定这种葡萄酒应该标记为哪一类。

本章中的一些分类器可以执行分类并做出数值预测（即它们既可以用于分类，也可以用于回归）。

3.1.2 常见的分类器

下面列出了一些较为流行的机器学习分类器：
- 线性分类器；
- kNN 算法；
- 逻辑斯谛回归；
- 决策树；
- 随机森林；
- SVM；
- 贝叶斯分类器；
- 卷积神经网络（深度学习）。

请记住，不同的分类器有不同的优缺点，通常涉及复杂性和准确性之间的权衡，这和人工智能之外的领域里的算法情况类似。

在深度学习中，卷积神经网络执行图像分类，这使得它们成为分类器（它们也可以用于音频和文本处理）。

3.1.3 二元分类与多类别分类

二元分类器处理具有两个类别的数据集，而多类别分类器（有时称为多项分类器）则能够区分两个以上的类别。随机森林和朴素贝叶斯分类器支持多类，而 SVM 和线性分类器只能用作二元分类器（但 SVM 存在多类别扩展）。

此外，还有基于二元分类器的多类别分类技术：一对所有（One-versus-All，OvA）和一对一（One-versus-One，OvO）。

OvA（也称为一对其余）技术涉及多个二元分类器，它们等于类别的数量。例如，如果一个数据集有 5 个类别，那么 OvA 技术使用 5 个二元分类器，每个二元分类器都会检测这 5 个类别之一。为了在这个数据集中对数据点进行分类，可以选择输出最高值的那个二元分类器。

OvO 技术也涉及多个二元分类器，但在这种情况下，二元分类器用于对成对的类别进行训练。例如，如果类别是 A、B、C、D 和 E，那么需要 10 个二元分类器：一个用于类别 A 和 B，一个用于类别 A 和 C，一个用于类别 A 和 D，以此类推，直至最后一个二元分类器用于类别 D 和 E。

一般来说，如果有 n 个类别，那么需要 $n \times (n-1)/2$ 个二元分类器。OvO 技术需要相当多的二元分类器（例如，20 个类别需要 190 个分类器），相比之下，对于 20 个类别，OvA 技术仅需要 20 个二元分类器。OvO 技术的优点在于，每个二元分类器仅在属于其两个选定类别的部分数据集上进行训练。

3.1.4　多标签分类

多标签分类涉及为数据集中的一个实例分配多个标签。因此，多标签分类包括了多类别分类，多类别分类涉及将单个标签分配给具有多个类别的数据集中的实例。

你还可以在线搜索使用 SKLearn 或 PyTorch 的文章，以完成多标签分类任务。

3.2　什么是线性分类器

线性分类器将数据集分为两类。对于二维点，线性分类器是一条线；对于三维点，线性分类器是一个平面；对于高维点，线性分类器是一个超平面（平面的推广）。

线性分类器是分类速度最快的分类器，因此当分类速度非常重要时通常使用它们。当输入向量稀疏（即大多数值为零值）或维数较大时，线性分类器一般可以很好地工作。

3.3　什么是 kNN

kNN 算法是一种分类算法。简言之，就是将彼此靠近的数据点归为同一类别。当一个新的数据点被引入时，可以将它添加到其最近邻的大多数类别中。例如，假设 k 等于 3 并引入一个新的数据点。首先看看这个新数据点的 3 个最近邻的类别，假设它们分别是 A、A、B。然后以多数表决的方式，将这个新数据点标记为 A 类数据点。

kNN 算法在本质上是一种启发式算法，虽然不是一种具有复杂数学基础的技术，但它仍然是一种有效和有用的算法。

如果你想使用简单的算法，或者你认为数据集的本质是高度非结构化的，请尝试 kNN 算法。尽管 kNN 算法非常简单，但它可以产生高度非线性的决策。你可以在需要搜索类似项的搜索应用程序中使用 kNN 算法。

你可以通过创建项的向量表示来度量相似性，然后使用适当的距离度量（如欧几里得距离）来比较向量。

kNN 搜索的一些具体例子包括搜索语义相似的文档。

kNN 如何处理平局

奇数的 k 不太可能导致平局，但非绝不可能。例如，假设 k 等于 7，并且在引入新的数据点时，新数据点的 7 个最近邻属于集合{A, B, A, B, A, B, C}。如你所见，没有多数票，因为 A 类有 3 分，B 类有 3 分，C 类只有 1 分。

在 kNN 中，有如下几种处理平局的技术：
● 将较高的权重分配给较近的数据点；
● 增大 k 的值，直到确定获胜者；
● 减小 k 的值，直到确定获胜者；

● 随机选择一个类别。

即便减小 k，直至 k 等于 1，也仍然有可能投票产生一个平局——可能有两个数据点离这个新数据点一样远，所以还是需要一种机制来决定选择这两个数据点中的哪一个作为 1 近邻。

如果 A 类和 B 类之间有平局，那么随机选择 A 类或 B 类。另一种变体是跟踪票数相等的情况，并采用交替循环机制，以确保分配更均匀。

3.4 什么是决策树

决策树是涉及树状结构的另一种分类算法。在决策树中，数据点的位置由简单的条件逻辑决定。举个简单的例子，假设一个数据集包含一组代表不同年龄的人的数字，同时我们假设第一个数字是 50。这个数字被选作树的根，所有小于 50 的数字都被加到树的左分支，而所有大于 50 的数字都被加到树的右分支。

例如，假设我们的数列是 {50, 25, 70, 40}，那么我们可以构造这样一棵树：50 是根节点，25 是 50 的左子，70 是 50 的右子，40 是 25 的右子。我们添加到该数据集中的每个额外数值都经过了处理，以确定在树中的每个节点上前进的方向（向左或向右）。

清单 3.1 显示了 sklearn_tree2.py 的内容，它定义了欧几里得平面上的一组二维点及其标签，然后预测欧几里得平面上的其他几个二维点的标签（即类别）。

清单 3.1 sklearn_tree2.py

```
from sklearn import tree

# X = 成对的二维点 , Y = 每个点的类别
X = [[0, 0], [1, 1], [2,2]]
Y = [0, 1, 1]

tree_clf = tree.DecisionTreeClassifier()
tree_clf = tree_clf.fit(X, Y)

#预测样本的类别
print("predict class of [-1., -1.]:")
print(tree_clf.predict([[-1., -1.]]))

print("predict class of [2., 2.]:")
print(tree_clf.predict([[2., 2.]]))

# 同一类别中训练样本的百分比
# 叶节点被标记为每个类别的概率
print("probability of each class in [2.,2.]:")
print(tree_clf.predict_proba([[2., 2.]]))
```

清单 3.1 从 sklearn 中导入了决策树类，然后使用数据值初始化数组 X 和 Y。接下来，将变量 tree_clf 初始化为 DecisionTreeClassifier 类的实例，并通过调用带有 X 和 Y 值的 fit() 方法对其进行训练。

现在执行清单 3.1 中的代码，你将看到以下输出：

```
predict class of [-1., -1.]:
[0]
predict class of [2., 2.]:
```

```
[1]
probability of each class in [2.,2.]:
[[0. 1.]]
```

如你所见，点[−1，−1]和点[2，2]分别被正确标记了值 0 和 1，这可能正是你所期望的结果。

清单 3.2 显示了 sklearn_tree3.py 的内容，它通过添加第 3 个标签扩展了清单 3.1 中的代码，并且预测了欧几里得平面上的三个点而不是两个点的标签（修改的地方已用粗体显示）。

清单 3.2　sklearn_tree3.py

```
from sklearn import tree

# X = 成对的二维点 , Y = 每个点的类别
X = [[0, 0], [1, 1], [2,2]]
Y = [0, 1, 2]

tree_clf = tree.DecisionTreeClassifier()
tree_clf = tree_clf.fit(X, Y)

#预测样本的类别
print("predict class of [-1., -1.]:")
print(tree_clf.predict([[-1., -1.]]))

print("predict class of [0.8, 0.8]:")
print(tree_clf.predict([[0.8, 0.8]]))

print("predict class of [2., 2.]:")
print(tree_clf.predict([[2., 2.]]))

# 同一类别中训练样本的百分比
# 叶节点被标记为每个类别的概率
print("probability of each class in [2.,2.]:")
print(tree_clf.predict_proba([[2., 2.]]))
```

现在执行清单 3.2 中的代码，你将看到以下输出：

```
predict class of [-1., -1.]:
[0]
predict class of [0.8, 0.8]:
[1]
predict class of [2., 2.]:
[2]
probability of each class in [2.,2.]:
[[0. 0. 1.]]
```

如你所见，点[−1，−1]、点[0.8，0.8]和点[2，2]分别被正确标记了值 0、1 和 2，这可能也是你所期望的结果。

清单 3.3 显示了数据集 partial_wine.csv 的一部分，该数据集包含两个特征列和一个标签列（共有 3 个类别）。该数据集的总行数为 178。

清单 3.3　partial_wine.csv

```
Alcohol, Malic acid, class
14.23,1.71,1
13.2,1.78,1
13.16,2.36,1
14.37,1.95,1
13.24,2.59,1
14.2,1.76,1
```

清单 3.4 显示了使用决策树的 `tree_classifier.py` 的内容，以便在数据集 `partial_wine.csv` 上训练模型。

清单 3.4 tree_classifier.py

```python
import numpy as np
import matplotlib.pyplot as plt
import pandas as pd

# 导入数据集
dataset = pd.read_csv('partial_wine.csv')

X = dataset.iloc[:, [0, 1]].values
y = dataset.iloc[:, 2].values

# 将数据集拆分为训练集和测试集
from sklearn.model_selection import train_test_split
X_train, X_test, y_train, y_test = train_test_split(X, y, test_size = 0.25, random_state = 0)

# 特征缩放
from sklearn.preprocessing import StandardScaler
sc = StandardScaler()
X_train = sc.fit_transform(X_train)
X_test = sc.transform(X_test)

# ====> 在此插入你的分类代码 <====
from sklearn.tree import DecisionTreeClassifier
classifier = DecisionTreeClassifier(criterion='entropy',random_state=0)
classifier.fit(X_train, y_train)
# ====> 在此插入你的分类代码 <====

# 预测测试集结果
y_pred = classifier.predict(X_test)

# 生成混淆矩阵
from sklearn.metrics import confusion_matrix
cm = confusion_matrix(y_test, y_pred)
print("confusion matrix:")
print(cm)
```

清单 3.4 包含了一些 `import` 语句，然后用 CSV 文件 `partial_wine.csv` 的内容填充 pandas 数据帧 `dataset`。接下来，用数据集的前两列（包括所有行）初始化 `X`，并用数据集的第三列（包括所有行）初始化 `y`。

变量 `X_train`、`X_test`、`y_train`、`y_test` 使用来自 `X` 和 `y` 的数据以 75:25 的分割比例填充。请注意，变量 `sc`（`StandardScalar` 类的一个实例）对变量 `X_train` 和 `X_test` 执行了缩放操作。

清单 3.4 中以粗体显示的代码块是我们为 `DecisionTreeClassifier` 类创建实例的地方，然后就可以使用变量 `X_train` 和 `X_test` 中的数据训练该实例了。

清单 3.4 的下一部分使用从 `X_test` 变量中的数据生成的一组预测数据填充了变量 `y_pred`。清单 3.4 的最后一部分基于 `y_test` 中的数据和 `y_pred` 中的预测数据创建了一个混淆矩阵。

请记住，混淆矩阵的所有对角元素都是正确的预测数（比如阳性和阴性）。混淆矩阵的所有其他单元格都包含一个数值，这个数值指定了不正确的预测数（比如假阳性和假阴性）。

现在执行清单 3.4 中的代码,你将看到以下输出的混淆矩阵,其中有 36 个正确的预测和 9 个不正确的预测(准确率为 80%)。

```
confusion matrix:
[[13  1  2]
 [ 0 17  4]
 [ 1  1  6]]
from sklearn.metrics import confusion_matrix
```

上面的 3×3 矩阵中共有 45 个条目,对角线条目是正确识别的样本。因此,准确率为 36/45 = 0.80。

3.5 什么是随机森林

随机森林是决策树的推广,这种分类算法涉及多棵树(树的数量由你指定)。如果数据涉及数值预测,则计算树的预测平均值;如果数据涉及分类预测,则确定树的预测模式。

通过类比,随机森林以类似于金融投资组合多样化的方式运作,目标是平衡损失和更高的收益。随机森林使用多数票来进行预测,它建立在这样的假设前提下:选择多数票比选择来自单棵树的任何单个预测都更有可能是正确的(并且更频繁)。

你可以轻松地修改清单 3.4 中的代码以使用随机森林,用下面的代码替换加粗显示的那两行代码即可:

```
from sklearn.ensemble import RandomForestClassifier
classifier = RandomForestClassifier(n_estimators = 10, criterion='entropy', random_state = 0)
```

替换后,启动代码并检查混淆矩阵,将其准确率与清单 3.4 中决策树的准确率进行比较。

3.6 什么是 SVM

SVM 涉及有监督的机器学习算法,可用于解决分类或回归问题。SVM 既可以处理线性可分数据,也可以处理非线性可分数据。SVM 使用一种称为核技巧的技术来转换数据,然后找到转换后更高维度数据的最佳边界。这种技术可以将转换后的数据分离,然后找到将数据分为两类的超平面。

SVM 在分类任务中相比在回归任务中更常见。SVM 的一些用例如下。

- 文本分类任务:类别指定。
- 检测垃圾邮件/情感分析。
- 图像识别:基于特征的识别和基于颜色的分类。
- 手写数字识别。

SVM 的权衡

尽管 SVM 非常强大,但仍需要权衡取舍。SVM 的一些优点如下:

- 准确率高；
- 适用于较小、较干净的数据集；
- 可以提高效率，因为使用了训练点的子集；
- 在数据集有限的情况下，可以替代卷积神经网络；
- 能够捕捉数据点之间更复杂的关系。

尽管 SVM 非常强大，但它也有一些缺点，比如：

- 不适合较大的数据集（训练时间可能很长）；
- 在具有重叠类别的噪声较大的数据集上，效果较差。

SVM 相比决策树和随机森林包含更多的参数。

建议：修改清单 3.4 以使用 SVM，用下面加粗显示的两行代码替换清单 3.4 中加粗显示的两行代码即可：

```
from sklearn.svm import SVC
classifier = SVC(kernel = 'linear', random_state = 0)
```

你只需要更新之前的代码，就可以得到一个基于支持向量机的模型！更改代码，然后启动代码并检查混淆矩阵，以便将其准确率与本章前面的决策树模型和随机森林模型的准确率进行比较。

3.7 什么是贝叶斯推理

贝叶斯推理是统计学中的一项重要技术，涉及统计推理和贝叶斯定理，旨在随着更多信息的出现而更新之前假设的概率。贝叶斯推理常常被称为贝叶斯概率，它在序列数据的动态分析中很重要。

3.7.1 贝叶斯定理

给定两个集合 A 和 B，若对于某个元素，定义以下数值（它们都在 0 和 1 之间）：

$$P(A) = 元素出现在集合 A 中的概率$$

$$P(B) = 元素出现在集合 B 中的概率$$

$$P(AB) = 元素出现在集合 A 和 B 的交集中的概率$$

$$P(A|B) = 元素出现在集合 A 中的概率（假定该元素已经在集合 B 中）$$

$$P(B|A) = 元素出现在集合 B 中的概率（假定该元素已经在集合 A 中）$$

则以下公式也成立：

$$P(A|B) = P(AB)/P(B) ①$$

$$P(B|A) = P(AB)/P(A) ②$$

将上面的两个等式乘以分母中出现的项，可以得到以下等式：

$$P(B) \times P(A|B) = P(AB) ③$$

$$P(A) \times P(B|A) = P(AB) ④$$

现在让等式③和④的左侧相等，便可得到下面的等式：

$$P(B) \times P(A|B) = P(A) \times P(B|A) ⑤$$

将等式⑤的两边同时除以 $P(B)$，便可得到下面这个著名的公式：

$$P(A|B) = P(A) \times P(A|B) / P(B) ⑥$$

3.7.2 一些贝叶斯术语

在 3.7.1 节中，我们得出以下关系：

$$P(h|d) = (P(d|h) \times P(h)) / P(d)$$

在上面的等式中，每一项都有一个名称。

第 1 项，后验概率为 $P(h|d)$，即给定数据 d 时假设 h 为真的概率。

第 2 项，在假设 h 为真的情况下，$P(d|h)$ 是数据 d 的概率。

第 3 项，h 的先验概率为 $P(h)$，这是假设 h 为真的概率（与数据无关）。

第 4 项，$P(d)$ 是数据的概率（与假设无关）。

我们感兴趣的是如何根据 $P(d)$ 和 $P(d|h)$ 的先验概率 $P(h)$ 计算 $P(h|d)$ 的后验概率。

3.7.3 什么是最大后验假设

最大后验（Maximum A Posteriori，MAP）假设是概率最高的假设，即最可能的假设。可以写成这样：

$$\text{MAP}(h) = \max(P(h|d))$$

或

$$\text{MAP}(h) = \max((P(d|h) \times P(h)) / P(d))$$

或

$$\text{MAP}(h) = \max(P(d|h) \times P(h))$$

3.7.4 为什么使用贝叶斯定理

贝叶斯定理基于可能与事件相关的条件的先验知识来描述事件的概率。如果知道条件概率，则可以使用贝叶斯规则找出反向概率。前面所讲的是贝叶斯规则的一般表示。

3.8 什么是朴素贝叶斯分类器

朴素贝叶斯分类器是由贝叶斯定理启发而来的概率分类器。朴素贝叶斯分类器假定属性是条件独立的，即使假设不成立，它也可以正常工作。这种假设大大降低了计算成本，这是一种只需要线性时间即可实施的简单算法。此外，朴素贝叶斯分类器可以轻松扩展到更大的数据集，并且在大多数情况下可以获得良好的结果。朴素贝叶斯分类器的其他优点包括：

- 可用于二元分类和多类别分类；
- 提供不同类型的朴素贝叶斯算法；
- 是解决文本分类问题的良好选择；
- 是进行垃圾邮件分类的流行选择；
- 可以在小型数据集上轻松训练。

你可能已经猜到，朴素贝叶斯分类器也确实有一些缺点，例如：

- 所有特征都被认为是不相关的；
- 不能学习特征之间的关系；
- 可能会遭遇"零概率问题"。

"零概率问题"指的是当一个属性的条件概率为零时，朴素贝叶斯分类器无法给出有效的预测。但是，你可以使用拉普拉斯估计显式地进行修正。

朴素贝叶斯分类器的类型

朴素贝叶斯分类器主要有 3 种类型：

- 高斯分布的朴素贝叶斯分类器；
- 多项式分布的朴素贝叶斯分类器；
- 伯努利分布的朴素贝叶斯分类器。

这些分类器的细节超出了本章的讨论范围，但你可以通过在线搜索获得更多信息。

3.9　训练分类器

训练分类器的两种常用技术如下：

- 保留方法；
- k 折交叉验证。

保留方法最常见，首先将数据集分为两个子集，分别称为训练集和测试集（各占数据集的 80% 和 20%）。训练集用于训练模型，测试集用于测试模型的预测能力。

k 折交叉验证技术用于验证模型是否过拟合。数据集被随机分为 k 个互斥子集，其中每个子集的大小均相等。一个子集用于测试，其他子集用于训练。然后遍历整个 k 折。

3.10　评估分类器

无论何时为数据集选择一个分类器，都显然应当评估分类器的准确性。评估分类器的两种常用技术如下：

- 精确率和召回率；
- ROC 曲线。

精确率和召回率在第 2 章已经讨论过，为方便起见，让我们回顾一下相关内容。定义以下变量：

$$TP = 真阳性的数量$$
$$FP = 假阳性的数量$$
$$TN = 真阴性的数量$$
$$FN = 假阴性的数量$$

然后，通过以下公式给出精确率、准确率和召回率的定义：

$$精确率 = \frac{TP}{TN + FP}$$

$$准确率 = \frac{TP + TN}{TP + TN + FP + FN}$$

$$召回率 = \frac{TP}{TP + FN}$$

ROC（Receiver Operating Characteristic，受试者工作特性）曲线用于分类模型的可视比较，显示了真阳性和假阳性之间的权衡。ROC 曲线下的面积是模型准确率的度量指标。当模型更接近对角线时，它的精确率会降低，并且具有完美精确率的模型的面积将为 1.0。

ROC 曲线绘制的是真阳性率与假阳性率的关系。另一种类型的曲线是 PR 曲线，PR 曲线绘制了精确率与召回率的关系。当处理高度偏斜的数据集（存在严重的类别不平衡）时，精确率-召回率（Precision-Recall，PR）曲线可提供更好的结果。

在本章的后面，你将看到许多基于 Keras 的类（位于 tf.keras.metrics 命名空间中）对应于通用统计学术语，其中包括本节中的一些统计学术语。

本章关于统计学术语和测量数据集有效性的内容到此结束。下面让我们来看看机器学习中的激活函数。

3.11　什么是激活函数

激活函数（通常）是将非线性引入神经网络的非线性函数，从而防止了神经网络中隐藏层的"合并"。具体来说，假设神经网络中的每一对相邻层只涉及一个矩阵变换，而没有激活函数。这样的神经网络是一个线性系统，这意味着其中的层可以合并成一个更小的系统。

首先，连接输入层和第一隐藏层的边的权重可以用一个矩阵来表示，我们称这个矩阵为 W_1。接下来，连接第一隐藏层和第二隐藏层的边的权重也可以用一个矩阵来表示，我们称这个矩阵为 W_2。重复这个过程，直至到达连接最终隐藏层和输出层的边缘，我们称这个矩阵为 W_k。因为没有激活函数，所以我们可以简单地将矩阵 $W_1, W_2, \cdots, W_k$ 相乘并生成一个矩阵，我们称这个矩阵为 W。我们现在已经用一个等效的神经网络代替了原来的多层神经网络，该神经网络包含一个输入层、一个权重矩阵 W 和一个输出层。换句话说，我们原来的多层神经网络已经没有了！

幸运的是，当我们在每对相邻层之间指定一个激活函数时，我们可以防止前面的场景发生。换句话说，每一层的激活函数阻止了这种"矩阵合并"。因此，我们可以在训练神经网络的过程中保留所有的中间隐藏层。

为简单起见，我们假设每对相邻层之间都有相同的激活函数（我们将很快摒弃这个假设）。在神经网络中使用激活函数的过程分为 3 步，具体如下：

步骤 1，从数字的输入向量 x_1 开始；

步骤 2，将 x_1 乘以代表连接输入层和第一隐藏层的边的权重矩阵 W_1，结果是一个新的向量 x_2；

步骤 3，将激活函数应用于 x_2 的每个元素，以创建另一个向量 x_3。

现在重复步骤 2 和步骤 3，不同之处在于，我们开始时使用向量 x_3 和权重矩阵 W_2 作为连接第一隐藏层和第二隐藏层（如果只有一个隐藏层，则是输出层）的边。

完成上述过程后，我们保留了神经网络，这意味着可以在数据集上对其进行训练。还有一点：可以在每个步骤中使用不同的激活函数代替每个激活函数，而不是在每个步骤中使用相同的激活函数（选择权在你）。

3.11.1 为什么需要激活函数

我们刚刚了解了神经网络的输入层转换输入向量，以及向量通过隐藏层到达输出层的过程。在神经网络中，激活函数的用途至关重要：激活函数"维护"神经网络的结构，防止它们被简化为输入层和输出层。换句话说，如果我们在每对连续的层之间指定一个非线性激活函数，那么神经网络不能被包含更少层的神经网络代替，除非你明确地删除它们。

在没有非线性激活函数的情况下，我们只需要将给定的一对连续层的权重矩阵与前一对连续层产生的输出向量相乘。重复这个简单的乘法运算，直至到达神经网络的输出层。到达输出层后，我们便有效地用一个将输入层和输出层"连接"起来的单个矩阵替换了多个矩阵。

3.11.2 激活函数是如何工作的

如果这是你第一次遇到激活函数的概念，那么它可能会让你感到困惑。这里提供一个类比，它可能会对你有所帮助。假设你在深夜开车，高速公路上没有其他人。只要没有障碍物（停车标志、交通信号灯等），你就可以以恒定速度行驶。假设你开车进入一家大型杂货店的停车场。当你接近减速带时，你必须减速，越过减速带后，你可以再次提速，并对每个减速带重复此过程。

可以将神经网络中的非线性激活函数视为减速带的对应部分——你根本无法保持恒定的行驶速度，这意味着你不能先将所有权重矩阵相乘并"折叠"成一个单一的权重矩阵。另一个类比涉及一条有多个收费站的道路：你必须放慢速度，支付通行费，然后继续行驶，直至到达下一个收费站。以上只是类比（因此是不完善的），它们可以帮助你了解对非线性激活函数的需求。

3.12 常见的激活函数

激活函数有很多（如果知道如何定义，你甚至可以自己定义激活函数），下面列出了一些常见的激活函数：

- Sigmoid；
- tanh；
- ReLU；
- ReLU6；
- ELU；
- SELU。

Sigmoid 激活函数基于欧拉常数，取值范围为 0～1，公式如下：

$$\text{Sigmoid}(x) = \frac{1}{1 + e^{-x}}$$

tanh 激活函数也基于欧拉常数，公式如下：

$$\tanh(x) = \frac{e^x - e^{-x}}{e^x + e^{-x}}$$

记住上述公式的一种方法是，注意分子和分母具有相同的术语对：分子中用减号隔开，分母中用加号隔开。tanh 激活函数的取值范围为 -1～1。

ReLU 激活函数很简单：如果 x 为负，则 ReLU(x) 为 0；如果 x 为其他值，则 ReLU(x) 等于 x。ReLU6 激活函数是 TensorFlow 特有的，它是 ReLU 激活函数的变体：附加约束是，当 $x \geq 6$ 时，ReLU(x) 等于 6（ReLU6 因此得名）。

ELU（Exponential Linear Unit，指数线性单元）是 ReLU 的指数"包装"，旨在用指数激活函数代替 ReLU 激活函数的两个线性部分，ELU 激活函数对 x 的所有值（包括 $x = 0$）都是可微分的。

SELU 激活函数比其他激活函数稍微复杂一点（也不常用）。有关这些和其他激活函数的详细解释（以及描述它们形状的图形），请参阅激活函数的维基百科页面。

3.12.1　Python 中的激活函数

清单 3.5 显示了 activations.py 的内容，展示了各种激活函数的公式。

清单 3.5　activations.py

```
import numpy as np

# Python Sigmoid 例子
z = 1/(1 + np.exp(-np.dot(W, x)))

# Python tanh 例子
z = np.tanh(np.dot(W,x))

# Python ReLU 例子
z = np.maximum(0, np.dot(W, x))
```

清单 3.5 包含了使用 NumPy 方法来定义 Sigmoid 激活函数、tanh 激活函数和 ReLU 激活函数的 Python 代码。注意，为了启动清单 3.5 中的代码，你需要指定 x 和 W 的值。

3.12.2 Keras 中的激活函数

TensorFlow（和许多其他框架）提供了许多激活函数的实现，从而让你节省了编写自己的激活函数并加以实现的时间和精力。

下面是 tf.keras.layers 命名空间中的 TensorFlow 和 Keras API 激活函数的列表：

- tf.keras.layers.leaky_relu；
- tf.keras.layers.relu；
- tf.keras.layers.relu6；
- tf.keras.layers.selu；
- tf.keras.layers.sigmoid；
- tf.keras.layers.sigmoid_cross_entropy_with_logits；
- tf.keras.layers.softmax；
- tf.keras.layers.softmax_cross_entropy_with_logits_v2；
- tf.keras.layers.softplus；
- tf.keras.layers.softsign；
- tf.keras.layers.softmax_cross_entropy_with_logits；
- tf.keras.layers.tanh；
- tf.keras.layers.weighted_cross_entropy_with_logits。

3.13 节～3.15 节提供了有关上述列表中的某些激活函数的附加信息。请牢记以下要点：对于简单的神经网络，请将 ReLU 激活函数作为首选。

3.13 ReLU 和 ELU 激活函数

目前，ReLU 通常是"首选"的激活函数，以前首选的激活函数是 tanh（更早时是 Sigmoid）。ReLU 激活函数的行为接近线性单元，并提供最佳的训练准确率和验证准确率。

ReLU 激活函数就像一个线性的开关：如果不需要就"关"，激活时导数为 1，这使得 ReLU 激活函数成为当前所有激活函数中最简单的激活函数。请注意，ReLU 激活函数的二阶导数处处为 0，它是一个经过简化和优化的非常简单的函数。此外，每当你需要大的值时，它的梯度就很大，并且它从不"饱和"（即它在正水平轴上不会缩小到零）。

3.13.1 ReLU 激活函数

ReLU 激活函数的优点如下：

- 在正轴区域不饱和；
- 在计算方面非常高效；
- 带有 ReLU 激活函数的模型通常比带有其他激活函数的模型收敛得更快。

然而，当 ReLU 神经元的激活值变为 0 时，ReLU 激活函数确实也有不足：在反向传播过程中，ReLU 神经元的梯度也将为 0。你可以通过明智地分配初始权重值和学习率来缓解这种情况。

3.13.2 ELU 激活函数

ELU 是基于 ReLU 的指数线性单元，它们之间的关键区别在于，ELU 激活函数在原点处是可微的（ReLU 激活函数是连续函数，但它在原点处是不可微的）。请记住以下两点：首先，ELU 激活函数用计算效率来换取永生（对消亡的免疫力），有关详细信息，可以搜索题为"Fast and Accurate Deep Network Learning by Exponential Linear Units (ELUs)" 的文章；其次，由于 ELU 激活函数引入了新的超参数，因此 ReLU 激活函数仍然比 ELU 激活函数更流行。

3.14 Sigmoid、Softmax、Softplus 和 tanh 激活函数的相似性

3.14.1 Sigmoid 激活函数

Sigmoid 激活函数的值的范围为$(0, 1)$，它会饱和并消除梯度。与 tanh 激活函数不同，Sigmoid 激活函数的输出不以 0 为中心。此外，不建议使用 Sigmoid 和 Softmax 激活函数来实现普通的前馈神经网络（参见 Ian Goodfellow 等人的在线图书 *Deep Learning* 的第 6 章）。然而，Sigmoid 激活函数仍然适用于 LSTM、门控循环单元（Gate Recurrent Unit，GRU）和概率模型。此外，一些自动编码器还有其他要求，不允许使用分段线性激活函数。

3.14.2 Softmax 激活函数

Softmax 激活函数将数据集中的值映射到另一组介于 0 和 1 之间且总和等于 1 的值。因此，Softmax 激活函数创建了一个概率分布。在使用卷积神经网络（Convolutional Neural Network，CNN）进行图像分类的情况下，Softmax 激活函数会将最终隐藏层中的值映射到输出层中的 10 个神经元。包含最大概率的位置的索引与输入图像的独热编码中数字 1 的索引相匹配。如果索引值相等，则图像已被分类，否则被视为不匹配。

3.14.3 Softplus 激活函数

Softplus 激活函数是 ReLU 激活函数的平滑（即可微）近似。回想一下，原点是 ReLU 激活函数的唯一不可微点，这可以通过 Softmax 激活函数来进行平滑。

$$\text{Softplus}(x)=\ln(1+e^x)$$

3.14.4 tanh 激活函数

tanh 激活函数的值的范围为$(-1,1)$，而 Sigmoid 激活函数的值的范围为$(0,1)$。这两种激活都是饱和的，但与使用 Sigmoid 激活函数的神经元不同，使用 tanh 激活函数的神经元的输出是以 0 为区间中点的。因此在实践中，我们总是更愿意使用 tanh 激活函数而非 Sigmoid 激活函数。

Sigmoid 和 tanh 激活函数出现在 LSTM（Sigmoid 激活函数用在 3 个门中，tanh 激活函数用

在内部单元状态中）和 GRU 中，特别是经常出现在与输入门、遗忘门和输出门相关的计算中。

3.15 Sigmoid、Softmax 和 Hardmax 激活函数之间的差异

本节简要讨论这 3 个激活函数之间的一些差异。首先，Sigmoid 激活函数用于逻辑斯谛回归模型中的二元分类，以及 LSTM 和 GRU 中的门。Sigmoid 激活函数在被用于构建神经网络时，请记住，概率之和不一定等于 1。

其次，Softmax 激活函数推广了 Sigmoid 激活函数：用于逻辑斯谛回归模型中的多分类。Softmax 激活函数在被用于 CNN 中的全连接层时，全连接层是 CNN 中最右边的隐藏层和输出层。与 Sigmoid 激活函数不同，Softmax 概率之和必须等于 1。对于二元分类，可以使用 Sigmoid 或 Softmax 激活函数。

最后，Hardmax 激活函数为输出值分配 0 或 1（类似于阶跃函数）。例如，假设有 3 个类别 $\{c_1, c_2, c_3\}$，分数分别为 $[1, 7, 2]$。Hardmax 概率为 $[0, 1, 0]$，而 Softmax 概率为 $[0.1, 0.7, 0.2]$。请注意，Hardmax 概率之和为 1，Softmax 概率之和也为 1。然而，Hardmax 概率是全有或全无，而 Softmax 概率类似于获得"部分信用"。

3.16 什么是逻辑斯谛回归

尽管名字中带有"回归"的字眼，但逻辑斯谛回归是一个分类器，也是一个二元输出的线性模型。逻辑斯谛回归使用多个独立变量，包括一个计算概率的 Sigmoid 激活函数。逻辑斯谛回归在本质上是将 Sigmoid 激活函数应用于线性回归以执行二元分类。

逻辑斯谛回归在许多互不相关的领域都很有用。这些领域包括机器学习、各种医学领域和社会科学领域。基于观察到的患者的各种特征，逻辑斯谛回归可用于预测求医者患上特定疾病的风险。使用逻辑斯谛回归的其他领域包括工程、市场营销和经济学。

逻辑斯谛回归可以是二元的（一个因变量只有两个结果）、多元的（一个因变量有 3 个或更多的结果）或序数的（因变量是有序的）。例如，假设数据集由属于 A 类或 B 类的数据组成。给定一个新的数据点，逻辑斯谛回归能够预测这个新的数据点属于 A 类还是 B 类。相比之下，线性回归预测的是数值，比如一只股票第二天的价格。

3.16.1 设置阈值

阈值决定了哪些数据点属于 A 类，哪些数据点属于 B 类。例如，通过/失败阈值可能是 0.70。在加利福尼亚，驾驶执照考试的及格/不及格阈值是 0.85。

作为另一个例子，假设 $P = 0.5$ 是截止概率。我们可以把 A 类赋给概率大于 0.5 出现的数据点，把 B 类赋给概率小于或等于 0.5 出现的数据点。由于只有两个类别，我们得到了一个分类器。

一个相似（但略有不同）的场景是投掷一枚质地均匀的硬币。我们知道有 50% 的概率扔到正面（把这个结果标为 A 类），有 50% 的概率扔到反面（把这个结果标为 B 类）。假设有一个由标记结果组成的数据集，那么我们预计其中大约 50% 是 A 类或 B 类。

另外，我们没有办法（提前）确定有多少人通过笔试，或者有多少人通过课程。包含这些类型场景的结果的数据集需要训练，逻辑斯谛回归可能是适合的技术。

3.16.2　逻辑斯谛回归：重要假设

逻辑斯谛回归要求观测值相互独立。此外，逻辑斯谛回归要求自变量之间很少或没有多重共线性。逻辑斯谛回归处理数值、分类和连续变量，并假设自变量和对数发生比（odds）呈线性，定义如下：

$$odds = P/(1-P)$$

$$logit = \log(odds)$$

这种分析不要求因变量和自变量线性相关；然而，另一个要求是自变量与对数发生比线性相关。

逻辑斯谛回归用于在存在一个以上自变量的情况下获得对数发生比。逻辑斯谛回归与多元线性回归非常相似，除了因变量是二项分布之外。得到的结果是每个变量对观察到的感兴趣事件的对数发生比的影响。

3.16.3　线性可分数据

线性可分数据是可以被一条线（在二维空间中）、一个平面（在三维空间中）或一个超平面（在更高维空间中）分离的数据。线性不可分数据是不能被直线或超平面分离的数据（簇）。例如，异或函数涉及不能被一条线分离的数据。如果你为一个有两个输入的异或函数创建一个真值表，那么点(0, 0)和点(1, 1)属于 0 类，而点(0, 1)和点(1, 0)属于 1 类（请把这些点画在二维平面上以说服你自己）。解决方案包括将数据转换到更高维空间中，以使它们成为线性可分数据，这是 SVM 使用的技术。

3.17　Keras、逻辑斯谛回归和 Iris 数据集

清单 3.6 显示了 tf2-keras-iris.py 的内容，它定义了一个基于 Keras 的模型来执行逻辑斯谛回归。

清单 3.6　tf2-keras-iris.py

```
import tensorflow as tf
import matplotlib.pyplot as plt

from sklearn.datasets import load_iris
from sklearn.model_selection import train_test_split
from sklearn.preprocessing import OneHotEncoder, StandardScaler

iris = load_iris()
X = iris['data']
y = iris['target']

#你可以查看数据和标签
#print("iris data:",X)
```

```
#print("iris target:",y)

#缩放 X 的值，使其在 0 和 1 之间
scaler = StandardScaler()
X_scaled = scaler.fit_transform(X)

X_train, X_test, y_train, y_test = train_test_split(X_scaled, y, test_size = 0.2)

model = tf.keras.models.Sequential()
model.add(tf.keras.layers.Dense(activation='relu', input_dim=4, units=4, kernel_initializer='uniform'))

model.add(tf.keras.layers.Dense(activation='relu', units=4, kernel_initializer='uniform'))

model.add(tf.keras.layers.Dense(activation='sigmoid', units=1, kernel_initializer='uniform'))
#model.add(tf.keras.layers.Dense(1, activation='softmax'))

model.compile(optimizer='adam', loss='mean_ squared_error', metrics=['accuracy'])
model.fit(X_train, y_train, batch_size=10, epochs=100)

#从测试集中预测值
y_pred = model.predict(X_test)

#测试值-预测的散点图
fig, ax = plt.subplots()
ax.scatter(y_test, y_pred)
ax.plot([y_test.min(), y_test.max()], [y_test.min(), y_test.max()], 'r*--')
ax.set_xlabel('Calculated')
ax.set_ylabel('Predictions')
plt.show()
```

清单 3.6 从一系列 import 语句开始，然后用 Iris 数据集初始化变量 iris。X 包含 Iris 数据集的前 3 列（包括所有行），y 包含 Iris 数据集的第 4 列（包括所有行）。

清单 3.6 的下一部分使用 80/20 的数据分割初始化训练集和测试集。基于 Keras 的模型包含 3 个稠密层，其中前两层指定 ReLU 激活函数，第三层指定 Sigmoid 激活函数。

清单 3.6 的下一部分编译并训练模型，然后通过测试数据计算模型的准确性。执行清单 3.6 中的代码，你将看到以下输出：

```
Train on 120 samples
Epoch 1/100
120/120 [==============================] - 0s
   980us/sample - loss: 0.9819 - accuracy: 0.3167
Epoch 2/100
120/120 [==============================] - 0s
   162us/sample - loss: 0.9789 - accuracy: 0.3083
Epoch 3/100
120/120 [==============================] - 0s
   204us/sample - loss: 0.9758 - accuracy: 0.3083
Epoch 4/100
120/120 [==============================] - 0s
   166us/sample - loss: 0.9728 - accuracy: 0.3083
Epoch 5/100
120/120 [==============================] - 0s
   160us/sample - loss: 0.9700 - accuracy: 0.3083
// details omitted for brevity
Epoch 96/100
120/120 [==============================] - 0s
```

```
    128us/sample - loss: 0.3524 - accuracy: 0.6500
Epoch 97/100
120/120 [==============================] - 0s
    184us/sample - loss: 0.3523 - accuracy: 0.6500
Epoch 98/100
120/120 [==============================] - 0s
    128us/sample - loss: 0.3522 - accuracy: 0.6500
Epoch 99/100
120/120 [==============================] - 0s
    187us/sample - loss: 0.3522 - accuracy: 0.6500
Epoch 100/100
120/120 [==============================] - 0s
    167us/sample - loss: 0.3521 - accuracy: 0.6500
```

图 3.1 显示了测试值和基于测试值预测的点的散点图。

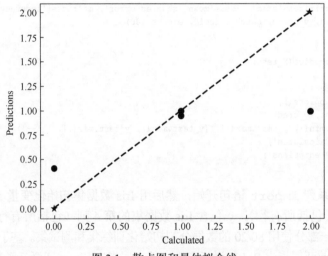

图 3.1　散点图和最佳拟合线

准确率确实很差（甚至可以说糟糕透顶），但你很可能会遇到这种情况。试着使用不同数量的隐藏层，然后用指定了 Softmax 激活函数（或某些其他激活函数）的稠密层替换最终的隐藏层，以查看此更改是否提高了准确率。

3.18　总结

本章首先介绍了分类和分类器，然后简要说明了机器学习中常见的几个分类器。

接下来，你学习了激活函数，它们为什么在神经网络中很重要，以及它们如何在神经网络中使用。你看到了一个针对各种激活函数的 TensorFlow 和 Keras API 列表，以及对它们的一些优点的描述。

最后，你学习了涉及 Sigmoid 激活函数的逻辑斯谛回归，还学习了一个关于逻辑斯谛回归的基于 Keras 的代码示例。

第 4 章　深度学习概述

本章介绍深度学习，包括多层感知器（MultiLayer Perceptron，MLP）和 CNN。其他的深度学习体系架构，如 RNN 和 LSTM，将在第 5 章中讨论。

本章的大部分内容是描述性的，还有一些基于 Keras 的代码示例。本章旨在粗略介绍一系列不同的主题，并提供一些更深入的相关信息的链接。

如果你是深度学习的新手，则可能需要对本章中的许多主题进行额外的学习，以便熟练掌握它们。请把这一章当作你迈向深度学习专家路上的一小步。

本章分为三部分。本章的第一部分（4.1 节和 4.2 节）简要讨论了 Keras 和异或函数 XOR、深度学习、深度学习所能解决的问题以及未来的挑战。本章的第二部分（4.3 节～4.7 节）简要介绍了感知器，感知器在本质上是神经网络的核心构件。事实上，ANN、MLP、RNN、LSTM、可变自动编码器（Variable AutoEncoder，VAE）等都基于包含多个感知器的多层，然后各自附加了相应的处理步骤。

本章的第三部分（4.8 节～4.12 节）介绍了 CNN，并且提供了一个用 MNIST 数据集训练基于 Keras 的 CNN 示例。如果阅读了第 3 章中关于激活函数的部分，那么你对这个 CNN 示例的理解将会更加深入。

4.1　Keras 和异或函数 XOR

异或函数是一个著名的平面上线性不可分的函数，用 XOR 表示。XOR 函数的真值表很直接：给定两个二进制输入，如果最多有一个输入为 1，则输出为 1；否则输出为 0。如果我们将 XOR 视为具有两个二进制输入的函数的名称，那么输出如下：

```
XOR(0,0)=0
XOR(1,0)=1
XOR(0,1)=1
XOR(1,1)=0
```

我们可以将输出值视为与输入值相关联的标签。具体来说，点(0, 0)和点(1, 1)属于 0 类，点(1, 0)和点(0, 1)属于 1 类。在平面上画出这些点，便可以得到一个单位正方形的 4 个顶点，它的左下角顶点是原点。此外，每一对对角元素都属于同一类别，你无法用欧几里得平面上的一条直线把 0 类的点和 1 类的点分开。因此，XOR 函数在平面上是线性不可分的函数。如果你怀疑这一点，不妨试着在欧几里得平面上为 XOR 函数找到线性分类器。

清单 4.1 显示了 tf2_keras_xor.py 的内容，说明了如何创建一个基于 Keras 的神经网络来训练 XOR 函数。

清单 4.1   tf2_keras_xor.py

```
import tensorflow as tf
import numpy as np

# 逻辑 XOR 操作符和 "真值表"
x  = np.array([[0., 0.],[0., 1.],[1., 0.],[1.,1.]])
y = np.array([[0.], [1.], [1.], [0.]])

model = tf.keras.models.Sequential()
model.add(tf.keras.layers.Dense(2, input_dim=2, activation='relu'))
model.add(tf.keras.layers.Dense(1))
print("compiling model...")
model.compile(loss='mean_squared_error', optimizer='adam')
print("fitting model...")
model.fit(x,y,verbose=0,epochs=1000)
pred = model.predict(x)

# 测试最终的预测
print("Testing XOR operator")
p1 = np.array([[0., 0.]])
p2 = np.array([[0., 1.]])
p3 = np.array([[1., 0.]])
p4 = np.array([[1., 1.]])

print(p1,":", model.predict(p1))
print(p2,":", model.predict(p2))
print(p3,":", model.predict(p3))
print(p4,":", model.predict(p4))
```

清单 4.1 用 4 对数字来初始化 NumPy 数组 x，这 4 对数字是 0 和 1 的 4 种组合。然后是 NumPy 数组 y，它包含 x 中每对数字的逻辑或（OR）。

清单 4.1 的后续部分定义了一个基于 Keras 的模型，它有两个稠密层。接下来，编译并训练模型，然后基于训练好的模型，将其产生的一组预测值填充到变量 pred 中。

清单 4.1 的下一部分代码初始化点 p1、p2、p3 和 p4，然后显示这些点的预测值。执行清单 4.1 中的代码，输出如下：

```
compiling model...
fitting model...
Testing XOR operator
[[0. 0.]] : [[0.36438465]]
[[0. 1.]] : [[1.0067574]]
[[1. 0.]] : [[0.36437267]]
[[1. 1.]] : [[0.15084022]]
```

用不同的 epochs 值做实验，看看对预测值有什么影响。使用清单 4.1 中的代码作为其他逻辑函数的模板，唯一需要做的修改是替换变量 y，变量 y 可视为其他几个逻辑门的标签，如下所示。

- NOR 函数的标签：y = np.array([[1.], [0.], [0.], [1.]])。
- OR 函数的标签：y = np.array([[0.], [1.], [1.], [1.]])。
- XOR 函数的标签：y = np.array([[0.], [1.], [1.], [0.]])。
- ANDR 函数的标签：y = np.array([[0.], [0.], [0.], [1.]])。

为了给不同的逻辑函数训练一个模型，清单 4.1 中唯一需要更改的地方如上面的代码所示。为方便起见，本书配套资源中的以下文件包含了上述函数相应的 Keras 代码示例：

- `tf2_keras-nor.py`；
- `tf2_keras-or.py`；
- `tf2_keras-xor.py`；
- `tf2_keras-and.py`。

完成上面的示例后，你还可以试试 NAND 函数，或者用这些基本函数来创建更复杂的组合。

既然你已经从示例中看到了单个隐藏层神经网络的局限性，多隐藏层架构的有效性就更有意义了，我们将在 4.2 节中讨论。

4.2　什么是深度学习

深度学习是机器学习的子集，它侧重于神经网络和训练神经网络的算法。深度学习涵盖了多种类型的神经网络，如 CNN、RNN、LSTM、GRU、VAE、生成对抗网络（Generative Adversarial Network，GAN）等。深度学习模型要求神经网络中至少有两个隐藏层（非常深的深度学习涉及至少 10 个隐藏层的神经网络）。

从高层次的角度来看，有监督学习的深度学习包括定义一个模型（又称神经网络）以及

- 对数据点进行评估；
- 计算每个估计的损失或误差；
- 通过梯度下降减小误差。

在第 2 章，你学习了机器学习中的线性回归，它从 m 和 b 的初始值开始：

```
m = tf.Variable(0.)
b = tf.Variable(0.)
```

训练过程包括在以下等式中找到 m 和 b 的最佳值：

```
y = m*x + b
```

给定自变量 x 的值，我们想要计算因变量 y。在这种情况下，我们可以使用以下 Python 函数进行计算：

```
def predict(x):
    y = m*x + b
    return y
```

损失是当前估计误差的别名，可通过以下 Python 函数来计算确定均方误差的值：

```
def squared_error(y_pred, y_actual):
   return tf.reduce_mean(tf.square(y_pred-y_actual))
```

我们还需要为训练数据（经常命名为 x_train 和 y_train）以及测试相关的数据（经常命名为 x_test 和 y_test）初始化变量，惯例是按照 80：20 或 75：25 的比例划分训练数据和测试数据。然后，训练过程以下列方式调用前面的 Python 函数：

```
loss = squared_error(predict(x_train), y_train)
print("Loss:", loss.numpy())
```

虽然本节中的 Python 函数很简单，但是它们可以被泛化以处理复杂的模型，例如本章后面描述的模型。

你也可以用深度学习来解决线性回归问题，这涉及与本节前面出现的相同的代码。

4.2.1 什么是超参数

超参数在深度学习中经常被提及，有点像旋钮和刻度盘，它的值由你在实际训练过程之前初始化。隐藏层的数量和隐藏层中神经元的数量就是超参数的例子。在深度学习模型中，你会遇到许多超参数，下面列出了其中的一些：

- 隐藏层的数量；
- 隐藏层中神经元的数量；
- 权重初始化；
- 激活函数；
- 成本函数；
- 优化器；
- 学习率；
- 丢弃率。

上述列表中的前 3 个超参数是神经网络初始设置所必需的。前向传播需要第 4 个超参数。接下来的 3 个超参数（即成本函数、优化器和学习率）是为了在完成监督学习任务期间执行反向误差传播（简称反向传播），它们也是必需的。这个步骤将计算出一系列数值，用于更新神经网络中的权重，以提高神经网络的准确率。如果需要减少模型中的过拟合，上述列表中的最后那个超参数将非常有用。一般来说，在所有这些超参数中，成本函数是最复杂的。

反向传播期间会出现梯度消失问题（即梯度值非常接近零），此后，一些权重不再被更新。在这种情况下，神经网络实际上是惰性的（并且调试这个问题通常并不容易）。另一个方面也要考虑：判断一个局部极小值是否"足够好"，甚至好到不再需要花费额外的时间和精力去寻找一个绝对的极小值。

4.2.2 深度学习体系架构

如前所述，深度学习支持多种体系架构，包括 MLP、CNN、RNN 和 LSTM。尽管这些体系架构可以解决的任务类型之间有重叠，但是它们中的每一种都有其存在的特定原因。从 MLP 发展到 LSTM，深度学习体系架构变得更加复杂。有时为了完成一些任务，对这些体系架构进行组合也是非常适合的。例如，捕捉视频并进行预测通常涉及 CNN（用于处理视频序列中的每个输入图像）和 LSTM（用于预测视频流中各种对象的位置）。

此外，用于自然语言处理的神经网络可以包含一个或多个 CNN、RNN、LSTM 和 BiLSTM（双向 LSTM）。特别说明一下，强化学习与这些体系架构的结合被称为深度强化学习。

虽然 MLP 已经流行了很长时间，但它有两个缺点：对于计算机视觉任务来说，它是不可扩展的，并且它有些难以训练。另外，CNN 不要求相邻层完全连接。CNN 的另一个优点是提供了平移不变性，这意味着图像（如数字、猫、狗等）在被识别时就具备这种特性，而无论它出现在图像中的什么位置。

4.2.3 深度学习所能解决的问题

如你所知,反向传播涉及更新连续层之间的边的权重,这是以从右到左的方式执行的(即从输出层朝向输入层)。这些更新包括了链式法则(一种计算导数的规则)以及参数与梯度值的算术乘积。可能出现两种异常结果:项的乘积趋近于零(称为梯度消失问题)或变得任意大(称为梯度爆炸问题)。这两个问题通常出现在 Sigmoid 激活函数中。

深度学习可以通过 LSTM 缓解这两个问题。深度学习模型通常用 ReLU 激活函数代替 Sigmoid 激活函数。ReLU 激活函数是一个非常简单的连续函数,除了原点之外,它在任何位置都是可微的(y 轴右侧的值为 1,y 轴左侧的值为 $–1$)。因此,我们有必要进行一些调整,以使一切都能在开始时就很好地工作。

4.2.4 未来的挑战

虽然深度学习很强大,并且在许多领域产生的效果令人印象深刻,但仍有一些重要的持续挑战有待探索,包括:
- 算法中的偏差;
- 易受对抗攻击;
- 泛化能力有限;
- 缺乏可解释性;
- 确定相关性而非因果性。

算法可能包含了无意的偏差,即使它们被消除,数据中也仍然可能存在无意的偏差。例如,对一个神经网络在包含男性和女性图片的数据集上进行训练。训练过程的结果"判定"男性是医生,女性是家庭主妇,而且这种可能性很大。原因很简单:该数据集描述的男性和女性几乎只扮演这两个角色。

深度学习侧重于在数据集中寻找模式,泛化这些结果则是一项更困难的任务。一些学者试图为神经网络的结果提供解释,但这种工作目前仍处于起步阶段。深度学习可以发现模式并确定相关性,但不能确定因果性。

现在,你对深度学习已经有了一定的了解,让我们回过头来讨论机器学习的重要基石——感知器,这是 4.3 节的主题。

4.3 什么是感知器

回顾第 2 章的内容,线性回归模型包括一个输出层,其中包含单个神经元,而包含多个神经元的输出层则用于分类器(这在第 3 章中讨论过)。DNN 包含至少两个隐藏层,它们可以解决逻辑斯谛回归问题和分类问题。事实上,分类模型的输出层由一组概率组成(数据集中的每个类别都有一个概率),它们的和等于 1。

图 4.1 显示了一个感知器,它的输入边具有数值权重。

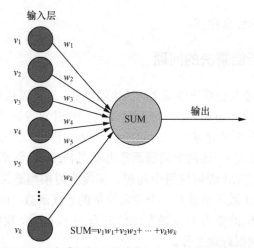

图 4.1　一个感知器（改编自 Arunava Chakraborty）

接下来，我们将深入研究感知器的细节，以及它们如何构成 MLP 的主干。

4.3.1　感知器函数的定义

感知器包含一个函数 $f(x)$，它满足以下定义：

$$\text{若 } w \cdot x + b > 0\text{，则 } f(x) = 1\text{，否则 } f(x) = 0$$

在上面的表达式中，w 是权重向量，x 是输入向量，b 是偏置向量。$w \cdot x$ 是向量 w 和 x 的内积，并且激活感知器是全有或全无的决定（例如，灯泡要么开，要么关，没有中间状态）。

请注意，函数 $f(x)$ 将检查线性项 $w \cdot x + b$ 的值，这个线性项在线性回归的 Sigmoid 激活函数中也会被指定。相同的项将作为计算 Sigmoid 激活函数值的一部分出现，如下所示：

$$\text{Sigmoid}(x) = \frac{1}{1 + e^{w \cdot x + b}}$$

给定 $w \cdot x + b$ 的值，上面的表达式将生成一个数值。不过，一般情况下，w 是权重矩阵，x 和 b 是向量。

4.3.2　感知器的详细视图

神经元在本质上是神经网络的组成部分。通常，每个神经元接收多个输入（数值），每个输入来自属于神经网络中前一层的神经元。计算输入的加权和，并将结果分配给神经元。

具体来说，假设一个神经元 N' 所接收输入的权重位于集合 $\{w_1, w_2, w_3, \cdots, w_n\}$ 中，这些数字指定了连接到神经元 N' 的边的权重。由于前向传播涉及从左到右的数据流，这意味着处在边缘的左端点连接到前一层的神经元 $\{N_1, N_2, \cdots, N_k\}$，这些边的右端点是 N'。加权和的计算方式如下：

$$x_1 w_1 + x_2 w_2 + \cdots + x_n w_n$$

在计算完加权和之后，结果被馈送到计算第 2 个值的激活函数。人工神经网络需要这个步骤，本章后面将进行解释。对给定层中的每个神经元重复计算加权和的过程，然后对神经网络下一层中的神经元也重复相同的过程。

整个过程被称为前向传播，由反向误差传播（简称反向传播）补充和完善。在反向传播中，整个神经网络重新计算权重值。对每个数据点（例如 CSV 文件中的每一行数据）重复前向传播和反向传播的组合。目标是完成整个训练过程，以使最终的神经网络（也称为模型）能够准确地表示数据集中的数据，以及准确地预测出测试数据的值。当然，神经网络的准确率取决于所涉及的数据集，（有的）准确率甚至可以超过 99%。

4.4   人工神经网络剖析

人工神经网络（ANN）由输入层、输出层和一个或多个隐藏层组成。对于 ANN 中的每对相邻层来说，左侧层里的神经元通过具有数值权重的边与右侧层里的神经元连接。如果左侧层里的所有神经元与右侧层里的所有神经元都发生连接，就叫作 MLP（稍后讨论）。

请记住，ANN 中的感知器是"无状态的"：它们不保留任何以前处理过的数据的信息。此外，ANN 不包含循环（因此，ANN 是非循环的）。与之相反，RNN 和 LSTM 确实会保留状态，并且它们确实具有类似循环的行为，你将在本章的后面看到相关内容。

顺便说一句，如果有数学背景，你可能会认为 ANN 是一组连续的二分图，其中数据从输入层（"源点"）流向输出层（"汇点"）。遗憾的是，这个观点对于理解 ANN 并没有什么帮助。理解 ANN 更好的方法是将它们的结构视为以下列表中超参数的组合：

- 隐藏层的数量；
- 每个隐藏层中神经元的数量；
- 连接成对神经元的边的初始权重；
- 激活函数；
- 成本函数（又称损失函数）；
- 优化器（与成本函数一起使用）；
- 学习率（一个很小的数值）；
- 丢弃率（可选）。

图 4.2 显示了 ANN 的内容（可能有许多变化，这仅仅是一个例子）。

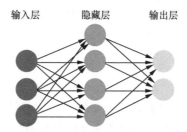

图 4.2   ANN 的一个例子（图片改编自 Cburnett）

由于图 4.2 所示 ANN 的输出层包含不止一个神经元，我们可以推断出它是一个分类模型。

4.4.1　初始化模型的超参数

上述超参数列表中的前 3 个超参数是初始化神经网络所必需的。隐藏层是中间计算层，每层都由神经元组成。每对相邻层之间的边数是可变的，具体由你决定。

每对相邻层（包括输入层和输出层）中连接神经元的边具有数值权重。它们的初始值通常是 0～1 的较小随机数。请记住，相邻层之间的连接会影响模型的复杂性。训练模型的目的在于微调边的权重，以提高模型的准确性。

ANN 并不一定是完全连通的，也就是说，相邻层中成对神经元之间的一些边可能会丢失。相比之下，像 CNN 这样的神经网络共享边（及其权重），这使得它们在计算上更加可行（但即便如此，CNN 也仍然需要大量训练时间）。请注意，Keras 的 `tf.keras.layers.Dense()` 类用于处理完全连通两个相邻层的任务。MLP 是完全连通的，这极大增加了这类神经网络的训练时间。

4.4.2　激活函数

上述超参数列表中的第 4 个超参数是被应用于每对连续层之间的权重的激活函数。多层神经网络通常会关联不同的激活函数。例如，CNN 在特征映射上使用了 ReLU 激活函数（通过对图像应用过滤器而创建），而倒数第二层则通过 Softmax 激活函数连接到输出层。

4.4.3　损失函数

上述超参数列表中的第 5～7 个超参数是反向误差传播所必需的。反向误差传播从输出层开始，从右向左朝输入层移动。这 3 个超参数用于完成机器学习框架的繁重工作：它们计算并更新神经网络中边的权重。

损失函数是多维欧几里得空间中的函数。例如，MSE 损失函数是一个碗形的损失函数，具有全局最小值。一般来说，MSE 损失函数的目标是最小化 MSE 函数以最小化损失，这反过来将帮助我们最大化模型的准确性（但对其他损失函数不保证这一点）。不过，有时局部最小值可能被认为已经"足够好"，没必要再去找出全局最小值（由你决定）。

对于较大数据集，损失函数往往非常复杂，这是为了检测出数据集中的潜在模式所必需的。另一种损失函数是交叉熵函数，它涉及最大化似然函数（与 MSE 损失函数相比）。请搜索在线文章以了解更多关于损失函数的信息。

4.4.4　优化器

优化器是一种算法，经常与损失函数一起被选用，目的是在训练阶段收敛到成本函数的最小值。不同的优化器会对训练过程中新近似值的计算方式做出不同的假设。一些优化器只涉及最近的近似值，而其他优化器使用滚动平均值，滚动平均值会考虑之前的几个近似值。

常见的优化器有 SGD、RMSprop、AdaGrad、AdaDelta 和 Adam。请在线查看这些优化器的优点以及关于如何权衡它们的详细信息。

4.4.5 学习率

学习率是一个很小的数值，通常为 0.001～0.05，它影响添加到边的当前权重的数值大小，以便用这些更新后的权重来训练模型。学习率有节流效应。学习率如果太大，新的近似值可能会超过最佳点；学习率如果太小，训练时间会显著增加。打个比方，想象你在一架客机上，离机场 100 英里（1 英里≈1.61 千米）远。当你接近机场时，飞机的速度会降低，这相当于降低了神经网络的学习率。

4.4.6 丢弃率

丢弃率是一个 0～1 的十进制值，通常为 0.2～0.5。将这个十进制值乘以 100，就可以确定训练过程中每次向前传递时所要忽略的神经元的百分比，这些被丢弃的神经元是随机选择的。例如，如果丢失率为 0.2，则随机选择 20% 的神经元，在前向传播的每个步骤中将它们忽略。每当在神经网络中处理一个新的数据点时，就随机选择一组不同的神经元。请注意，神经元并没有从神经网络中移除：它们仍然存在，并且在前向传播期间忽略它们会产生细化神经网络的效果。在 TF 2（TensorFlow 2 的简称）中，`tf.keras.layers.Dropout` 类用于完成细化神经网络的任务。

你还可以指定额外的超参数，但它们是可选项，而非理解 ANN 所必需。

4.5 什么是反向误差传播

ANN 通常以从左向右的方式绘制，最左边的层是输入层。每一层的输出成为下一层的输入。术语"前向传播"是指向输入层提供值，并通过隐藏层向输出层前进。输出层包含模型正向传递的结果（估计值）。

这里有一个关键点：反向误差传播涉及用于更新神经网络中边的权重的数值计算。更新过程通过损失函数（以及优化器和学习率）来执行，从输出层（最右侧的层）开始，然后以从右向左的方式移动，以便更新连续层之间的边的权重。之所以对神经网络进行训练，主要是为了减少输出层的估计值和真实值之间的损失（在监督学习的情况下）。请对训练集中的每个数据点重复这一过程。对整个数据集的一次完整处理称为一个"周期"（epoch），神经网络需要经历多个周期以进行多次训练。

4.6 什么是多层感知器

多层感知器（MLP）是一种前馈人工神经网络，它至少由 3 层节点组成：输入层、隐藏层和输出层。MLP 是完全连通的：给定一对相邻层，左侧层中的每个节点都连接到右侧层中的每个节点。除了输入层的节点之外，每个节点都是一个神经元，每层神经元都关联一个非线性激活函数。此外，MLP 使用一种称为反向误差传播的技术进行训练，CNN 亦如此。

图 4.3 显示了带有两个隐藏层的 MLP 的内容。

MLP（带有两个隐藏层）

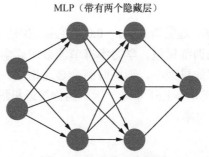

图 4.3　MLP 的一个例子

请记住一点：MLP 的非线性激活函数能够将 MLP 和线性感知器区分开来。事实上，MLP 可以处理不可线性分离的数据。例如，OR 函数和 AND 函数涉及可线性分离的数据，因此它们可以通过线性感知器来表示。XOR 函数涉及不可线性分离的数据，因此需要一个神经网络，如 MLP。

激活函数

在任何相邻层之间没有激活函数的 MLP 是一个线性系统：在每一层，简单地把来自前一层的向量与当前矩阵（用它把当前层连接到下一层）相乘，以产生另一个向量。

将一组矩阵相乘以生成单个矩阵是直截了当的。由于没有激活函数的神经网络是一个线性系统，我们可以将这些矩阵（每对相邻层是一个矩阵）相乘以产生单个矩阵：原始神经网络因此被简化为由输入层和输出层组成的两层神经网络，但这违背了构建多层神经网络的初衷。

为了防止这种神经网络层数的减少，MLP 必须包括相邻层之间的非线性激活函数（这也适用于任何其他深度神经网络）。非线性激活函数的选择通常是 Sigmoid、tanh 或 ReLU 激活函数。

Sigmoid 激活函数的输出范围为 0～1，具有"挤压"数据值的效果。类似地，tanh 激活函数的输出范围为-1～1。不过，ReLU 激活函数（或其变体之一）更适用于 ANN 和 CNN，而 Sigmoid 和 tanh 激活函数更适用于 LSTM。

4.7　数据点是如何被正确分类的

有一个观点可供参考：数据点指的是数据集中的一行数据，这里的数据集可以是房地产数据集、缩略图数据集或其他类型的数据集。假设我们想要为包含 4 个类别（标签）的数据集训练一个 MLP。在这种情况下，输出层必须包含 4 个神经元，它们的索引值分别为 0、1、2、3；而在含有 10 个神经元的输出层中，神经元的索引值为 0～9。因为在从倒数第二层过渡到输出层时使用的是 Softmax 激活函数，所以输出层中的概率总和始终等于 1。

对概率最大的索引值与数据集里当前数据点标签的独热编码（one-hot encoding）的索引值进行比较。如果相等，就说明神经网络已经正确地对当前数据点进行了分类。

例如，MNIST 数据集包含 0～9 的手绘数字图像，这意味着 MNIST 数据集的神经网络在最后一层有 10 个输出，每个数字一个输出。假设包含数字"3"的图像当前正通过神经网络。"3"的独热编码为[0,0,0,1,0,0,0,0,0,0]，独热编码中值最大的索引值也是 3（注意，索引值是从 0 开始的）。假设在处理完数字"3"之后，神经网络的输出层是下面的数值向量：[0.05,0.05,0.2,0.6,0.2,0.2,0.1,0.1,0.238]。如你所见，最大值（0.6）的索引值也是 3。在这种情况下，神经网络可以正确地识别输入图像。

二元分类器在处理诸如识别垃圾邮件、检测欺诈、预测股票涨跌（或温度、气压）等多种任务时，涉及两种结果。预测股票的未来价格是一项回归任务，而预测股票价格上涨还是下跌则是一项分类任务。

在机器学习中，多层感知器是一种用于监督二元分类器学习的神经网络（它是一种线性分类器）。然而，单层感知器只能学习线性可分模式。事实上，Marvin Minsky 和 Seymour Papert 的著作 *Perceptrons*（1969 年）表明，这些类别的神经网络不可能学习 XOR 函数。然而，XOR 函数可以由两层感知器"学习"。

4.8 CNN 的高阶视图

CNN 是深度神经网络（具有一个或多个卷积层），十分适用于图像分类以及其他用例，如音频和 NLP。

虽然 MLP 被成功地应用于图像识别，但它们不能很好地扩展，因为每对相邻层都是完全连通的，这反过来会导致超大规模的神经网络。对于大图像（或其他大输入），复杂度变得很高，并对性能产生了不利影响。

图 4.4 显示了 CNN 的内容（可能有许多变化，这仅仅是一个例子）。

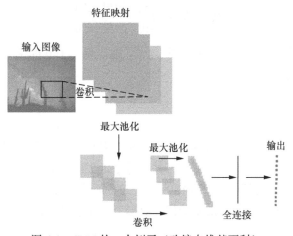

图 4.4 CNN 的一个例子（改编自维基百科）

4.8.1　一个极简的 CNN

一个产品级质量的 CNN 可能非常复杂，包括许多隐藏层。不过在这里，你将看到一个极简的 CNN（在本质上是一个实验性神经网络），它由以下 5 层组成：

- 卷积层（Conv2D）；
- ReLU 激活函数；
- 最大池化层（缩减技术）；
- 全连接层；
- Softmax 激活函数。

4.8.2　卷积层

在 Python 和 TensorFlow 代码中，卷积层通常被标记为 Conv2D。卷积层包含一系列过滤器，它们都是低维的方阵，维度通常是 3×3，但也可以是 5×5、7×7，甚至是 1×1。每个过滤器都会扫描图像（想想《星际迷航》中的三录仪），并且在每一个步骤中，都对过滤器和位于当前过滤器下的图像部分计算内积。这个扫描过程的结果称为特征映射，其中包含了一些实数。

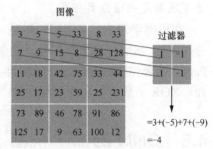

图 4.5　执行卷积运算

图 4.5 显示了一个 6×6 的数字网格以及它的一个 2×2 子区域与 2×2 过滤器的内积，这导致数字−4 出现在特征映射中。

4.8.3　ReLU 激活函数

每个特征映射在创建之后，其中的一些元素可能是负值。ReLU 激活函数旨在将负值（如果有的话）替换为零。回顾一下 ReLU 函数的定义：

$$\text{ReLU}(x)=\begin{cases} x, & \text{如果}\,x\geqslant 0 \\ 0, & \text{如果}\,x<0 \end{cases}$$

ReLU 激活函数的二维图像包含两部分：水平轴代表小于 0 的 x，恒等函数（一条直线）代表大于或等于 0 的 x。

4.8.4　最大池化层

最大池化（max pooling）操作很容易执行。在使用 ReLU 激活函数处理完特征映射后，将更新后的特征映射划分为一些 2×2 的矩阵，并从每个 2×2 矩阵中选择最大值。结果得到一个较小的数组，其中包含 25% 的特征映射（剩下 75% 的特征映射被丢弃）。有几种算法可用于执行这个提取过程：取每个方阵中数值的平均值，取每个方阵中数值的平方和的平方根，或者取每个方阵中的最大值。

在这个极简的 CNN 中，用于执行最大池化的算法是，取每个 2×2 矩阵中的最大值。图 4.6 显示了这个极简 CNN 中的最大池化结果。

如你所见，结果得到一个小的方阵，其大小仅为之前特征映射的 25%。你从卷积层中选择的过滤器集合中的每一个过滤器都需要执行此序列操作。过滤器集合中可以有 8 个、16 个、32 个或更多的过滤器。

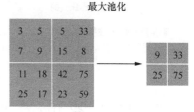

图 4.6 在 CNN 中执行最大池化的一个例子

如果你对这种技术感到困惑或有所怀疑，请考虑类似的涉及压缩的算法。压缩分为两种类型：有损压缩和无损压缩。也许你还不知道，JPEG 就是一种有损压缩算法（也就是说，数据在压缩过程中会丢失），但 JPEG 在压缩图像方面表现还不错。如果有帮助，你可以把最大池化看作一种类似于有损压缩算法的算法，也许这会让你相信最大池化的有效性。

同时，你的怀疑是有道理的。事实上，Geoffery Hinton 提议用胶囊网络（capsule network）代替最大池化。这种架构更复杂，也更难训练，而且超出了本书的讨论范围（你可以找到详细讨论胶囊网络的在线教程）。不过，胶囊网络往往更能抵御 GAN。

重复前面的一系列步骤（比如在 LeNet 中），然后执行如下相当不直观的操作：扁平化所有这些小数组，使之成为一维向量，然后将这些向量连接成一个（很长的）向量。这样得到的向量与输出层完全连通，后者由 10 个 "bucket"（即占位符）组成。对于 MNIST 数据集，这些占位符对应数字 0~9。请注意，Keras 中的 `tf.keras.layers.Flatten()` API 用于执行此扁平化操作。

将 Softmax 激活函数应用于长数值向量，以填充输出层的 10 个 bucket。结果如下：10 个 bucket 中填充了一组非零（非负）数值，它们的和等于 1。查找包含最大数值的 bucket 的索引，并对这个索引与关联于刚才处理的图像的独热编码标签的索引进行比较。如果索引值相等，则表明图像识别成功。

更复杂的 CNN 涉及多个卷积层、多个全连接层、不同的过滤器大小，以及用于组合之前的层（如 ResNet）以增强数据值的当前层的各种技术。

至此，你对 CNN 有了更深层次的了解，下面让我们来看看代码示例。

4.9 在 MNIST 数据集上显示图像

清单 4.2 显示了 `tf2_keras_mnist_digit.py` 的内容，演示了如何在 TensorFlow 中创建处理 MNIST 数据集的神经网络。

清单 4.2 tf2_keras_mnist_digit.py

```
import tensorflow as tf

mnist = tf.keras.datasets.mnist

(x_train, y_train), (x_test, y_test) = mnist.load_data()
```

```
print("x_train.shape:",x_train.shape)
print("x_test.shape: ",x_test.shape)

first_img = x_train [0]

# 屏蔽下面这行注释可以看到像素值
#print (first_img)

import matplotlib.pyplot as pit
pit.imshow (first_img, cmap= 'gray' )
pit.show()
```

清单 4.2 从一些 import 语句开始，然后填充来自 MNIST 数据集的训练数据和测试数据。变量 first_img 被初始化为 x_train 数组中的第一个条目，即训练数据集中的第一幅图像。清单 4.2 中的最后一部分代码显示了第一幅图像的像素值。清单 4.2 的输出如下：

```
x_train.shape: (60000, 28, 28)
x_test.shape: (10000, 28, 28)
```

图 4.7 显示了 MNIST 数据集中的第一幅图像。

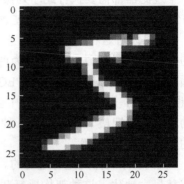

图 4.7　MNIST 数据集中的第一幅图像

4.10　Keras 和 MNIST 数据集

代码示例中包含了基于 Keras 的模型，它们使用了 MNIST 数据集，这些模型在输入层中使用了不同的 API。

具体来说，一个不是 CNN 的模型会通过 tf.keras.layers.Flatten() API 将输入图像扁平化为一维向量。下面是一个示例（详细信息参见清单 4.3）：

```
tf.keras.layers.Flatten(input_shape=(28,28))
```

另外，CNN 使用 tf.keras.layers.Conv2D() API，下面是一个示例（详细信息请参见清单 4.4）：

```
tf.keras.layers.Conv2D(32,(3,3),activation='relu',input_shape=(28,28,1))
```

清单 4.3 显示了 keras_mnist.py 的内容，展示了如何在 TensorFlow 中创建基于 Keras 的神经网络来处理 MNIST 数据集。

清单 4.3　keras_mnist.py

```
import tensorflow as tf

mnist = tf.keras.datasets.mnist
(x_train, y_train),(x_test, y_test) = mnist.load_data()

x_train, x_test = x_train / 255.0, x_test / 255.0

model = tf.keras.models.Sequential([
  tf.keras.layers.Flatten(input_shape=(28, 28)),
  tf.keras.layers.Dense(512, activation=tf.nn.relu),
  tf.keras.layers.Dropout(0.2),
```

```
    tf.keras.layers.Dense(10, activation=tf.nn.softmax)
])

model.summary()

model.compile(optimizer='adam',
    loss='sparse_categorical_crossentropy',metrics=['accuracy'])

model.fit(x_train, y_train, epochs=5)
model.evaluate(x_test, y_test)
```

清单 4.3 从一些 import 语句开始，然后初始化变量 mnist 作为对内置 MNIST 数据集的引用。接下来，对训练相关变量和测试相关变量用 MNIST 数据集的相应部分进行初始化，并对 x_train 和 x_test 进行缩放转换。

清单 4.3 的后续部分定义了一个非常简单的基于 Keras 的模型。这个模型有 4 层，这 4 层由 tf.keras.layer 包中的类创建。model.summary()用于显示模型定义的摘要，如下所示：

```
Model: "sequential"
Layer(type)                    Output Shape               Param#
flatten(Flatten)               (None,784)                 0
dense(Dense)                   (None,512)                 401920
dropout(Dropout)               (None,512)                 0
dense1(Dense)                  (None,10)                  5130
Total params: 407,050
Trainable params: 407,050
Non-trainable params: 0
```

清单 4.3 的剩余部分用于编译、拟合和评估模型，产生的输出如下：

```
Epoch 1/5
60000/60000 [==============================] - 14s
    225us/step - loss: 0.2186 - acc: 0.9360
Epoch 2/5
60000/60000 [==============================] - 14s
    225us/step - loss : 0.0958 - acc: 0.9704
Epoch 3/5
60000/60000 [==============================] - 14s
    232us/step - loss: 0.0685 - acc: 0.9783
Epoch 4/5
60000/60000 [==============================] - 14s
    227us/step - loss : 0.0527 - acc: 0.9832
Epoch 5/5
60000/60000 [==============================] - 14s
    225us/step - loss: 0.0426 - acc: 0.9861
10000/10000 [==============================] - 1s
    59us/step
```

如你所见，该模型最终的准确率为 98.61%，这是一个很好的结果。

4.11 Keras、CNN 和 MNIST 数据集

清单 4.4 显示了 keras_cnn_mnist.py 的内容，展示了如何在 TensorFlow 中创建基

于 Keras 的卷积神经网络来处理 MNIST 数据集。

清单 4.4　keras_cnn_mnist.py

```python
import tensorflow as tf
import numpy as np
import matplotlib.pyplot as plt

(train_images, train_labels), (test_images, test_labels) = tf.keras.datasets.mnist.load_data()

train_images = train_images.reshape ( (60000,28, 28,1))
test_images = test_images.reshape ( (10000, 28, 28, 1))

# 归一化像素值:将范围 0～255 缩放到 0～1
train_images, test_images = train_images/255.0,test_images/255.0

model = tf.keras.models.Sequential()
model.add(tf.keras.layers.Conv2D(32, (3, 3),activation='relu',input_shape=(28, 28, 1)))
model.add(tf.keras.layers.MaxPooling2D((2, 2)))
model.add(tf.keras.layers.Conv2D(64, (3, 3),activation='relu'))
model.add(tf.keras.layers.MaxPooling2D((2, 2)))
model.add(tf.keras.layers.Conv2D(64, (3, 3),activation='relu'))
model.add(tf.keras.layers.Flatten())
model.add(tf.keras.layers.Dense(64,activation='relu'))
model.add(tf.keras.layers.Dense(10, activation='softmax'))

model.summary()

model.compile(optimizer='adam',
              loss='sparse_categorical_crossentropy ',
              metrics=['accuracy'])

model.fit (train_images, train_labels, epochs=1)
test_loss, test_acc = model.evaluate(test_images,test_labels)
print(test_acc)

# 预测一个图像的标签
test_image = np.expand_dims(test_images[300],axis = 0)
plt.imshow(test_image.reshape(28,28))
plt.show()

result = model.predict(test_image)
print ("result:",result)
print("result.argmax():", result.argmax())
```

清单 4.4 通过 `load_data()` 函数初始化了训练数据和标签，以及测试数据和标签。接下来，对图像进行重塑，使之成为 28×28 像素的图像，并将像素值的范围从 0～255（整数值）缩放到 0~1（小数值）。

清单 4.4 的下一部分使用 Keras 的 `Sequential()` API 定义了一个基于 Keras 的模型，并将其命名为 model，它包含两对 Conv2D 和 MaxPooling2D 层，然后是 Flatten 层，以及两个连续的 Dense 层。

接下来，通过 `compile()`、`fit()` 和 `evaluate()`，对模型依次进行编译、训练和评估。清单 4.4 的最后一部分成功预测图像标签为 4，然后通过 matplotlib 加以显示。执行清单 4.4 中的代码，你将在命令行上看到以下输出：

```
Model: "sequential"
Layer (type)                        Output Shape              Param #
conv2d (Conv2D)                     (None, 26, 26, 32)        320
max pooling2d(MaxPooling2D)         (None, 13, 13, 32)        0
conv2d_1 (Conv2D)                   (None, 11, 11, 64)        18496
max_pooling2d_1(MaxPooling2)        (None, 5, 5, 64)          0
conv2d_2 (Conv2D)                   (None, 3, 3, 64)          36928
flatten (Flatten)                   (None, 576)               0
dense (Dense)                       (None, 64)                36928
dense_1 (Dense)                     (None, 10)                650
Total params: 93, 322
Trainable params: 93,322
Non-trainable params: 0

60000/60000 [==============================] - 54s
    907us/sample - loss: 0.1452 - accuracy: 0.9563
10000/10000 [==============================] - 3s
    297us/sample - loss: 0.0408 - accuracy: 0.9868
0.9868
Using TensorFlow backend.
result: [ [6.2746993e-05 1.7837329e-03 3.8957372e-04 4.6143982e-06 9.9723744e-01
           1.5522403e-06 1.9182076e-04 3.0044283e-04 2.2602901e-05 5.3929521e-06]]
result.argmax(): 4
```

图 4.8 显示了执行清单 4.4 中的代码后显示的图像。

你可能会问：在每幅输入图像被扁平化为一维向量的情况下，原来二维图像中可用的邻接信息会丢失，清单 4.4 中的模型是如何实现如此高的准确率的？在 CNN 流行之前，有一种技术使用 MLP 作为图像的模型，还有一种技术使用 SVM 作为图像的模型。事实上，即使你没有足够的图像来训练一个模型，也仍然可以使用 SVM。另一种选择是使用 GAN 生成合成数据（这是它最初的目的）。

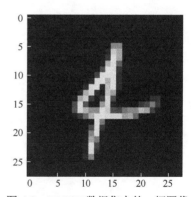

图 4.8 MNIST 数据集中的一幅图像

4.12 用 CNN 分析音频信号

除了图像分类，你还可以用音频信号来训练 CNN，音频信号可以从模拟信号转换成数字信号。音频信号具有各种数字参数（如分贝电平和电压电平）。

如果你有一组音频信号，则相关参数的数值将成为 CNN 的数据集。请记住，CNN 并不理解这些数字输入值：它们将以相同的方式被处理，而无论它们分别来自哪里。

下面举个例子。建筑物外的麦克风检测和识别各种声音。很明显，识别出声音是车辆回火还是枪声是非常重要的。对于后一种情况，警方将收到潜在犯罪的通知。有些公司使用 CNN 识别不同类型的声音，还有一些公司正在探索使用 RNN 和 LSTM 来代替 CNN。

4.13 总结

在这一章中，我们简要介绍了深度学习、说明了它与机器学习的不同之处，以及它能够解决哪些问题。你了解了深度学习面临的一些挑战，包括算法具有偏差、易受对抗攻击、泛化能力有限、神经网络缺乏解释性和因果关系等。

接下来，我们学习了 XOR 函数，它是平面上 4 个点的非线性可分集合的一个例子。虽然它在二维情况下是很简单的，但它不能用单层浅层网络来求解，而是需要两个隐藏层才能求解。感知器在本质上是神经网络的核心组成部分。

你看到了用于在 MNIST 数据集上训练神经网络的基于 Keras 的代码示例。你还看到了如何构造 CNN，以及一个基于 Keras 的代码示例——用 MNIST 数据集训练 CNN。如果阅读了第 3 章中有关激活函数的部分，你对这些代码示例的理解将更为深入。

第5章 深度学习体系架构：RNN 和 LSTM

本章通过介绍 RNN（Recurrent Neural Network，循环神经网络）和 LSTM（Long Short Term Memory，长短期记忆）来扩展第 4 章的介绍。尽管本章的大部分内容是关于这两种深度学习体系架构的描述性内容，但也有基于 Keras 的代码示例。因此，如果你还没有阅读附录 A 中的 Keras 材料，此刻正是好时机。

本章分为 4 部分。本章的第 1 部分（5.1 节～5.4 节）向你介绍了 RNN、基于时间的反向传播（Back Propagation Through Time，BPTT）和一个基于 Keras 的简短代码示例。如你所见，RNN 可以追踪之前时间步的信息，这使得它们可用于各种任务，包括自然语言处理任务。

本章的第 2 部分（5.5 节～5.7 节）向你介绍了 LSTM，LSTM 相比 RNN 更复杂。具体来说，LSTM 包括一个遗忘门、一个输入门和一个输出门，以及一个长期记忆单元。你将了解到 LSTM 相较于 RNN 的优势。此外，你还将接触到一些著名的 NLP 相关模型中使用的双向 LSTM。

本章的第 3 部分（5.8 节）向你介绍了自动编码器和可变自动编码器。

本章的第 4 部分（5.9 节和 5.10 节）介绍了 GAN 及其创建方法。

请记住，本章的代码示例假设你对 Keras 有一定的了解。

5.1 什么是 RNN

RNN 是一种在 20 世纪 80 年代开发的神经网络。它适用于包含顺序数据的数据集以及 NLP 任务，如语言建模、文本生成或句子的自动完成。实际上，你可能会惊讶地发现，甚至可以通过 RNN 执行图像分类。图 5.1 显示了一个简单的 RNN 示例。

除了简单的 RNN 之外，还有更强大的深度学习体系架构，如 LSTM 和 GRU。基本的 RNN 具有最简单的反馈机制类型并涉及 Sigmoid 激活函数。

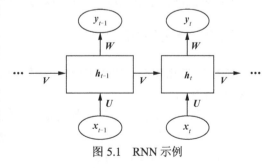

图 5.1 RNN 示例

RNN（包括 LSTM 和 GRU）在如下 6 个重要方面与人工神经网络不同：
- 有状态（所有的 RNN）；
- 反馈机制（所有的 RNN）；
- Sigmoid 或 tanh 激活函数；

- 多门（LSTM 和 GRU）；
- BPTT；
- 截断的 BPTT（简单的 RNN）。

首先，ANN 和 CNN 在本质上是无状态的，而 RNN 是有状态的，因为它们具有内部状态。因此，RNN 可以处理更复杂的输入序列，这使得它们适用于手写识别或语音识别等任务。

5.1.1　RNN 剖析

考虑图 5.1 中的 RNN。假设输入序列标记为 $x_1, x_2, x_3, \cdots, x_t$，隐藏状态序列标记为 $h_1, h_2, h_3, \cdots, h_t$。请注意，每个输入序列和隐藏状态都是一个 $1 \times n$ 的向量，其中 n 是特征数量。

在时间步 t，输入基于 h_{t-1} 和 x_t 的组合，之后将激活函数应用于该组合（这里也可以添加偏置向量）。

另一个区别是在连续时间步内发生的 RNN 的反馈机制。具体来说，将前一时间步的输出与当前时间步的新输入相结合，计算出新的内部状态。使用序列 $\{h_0, h_1, h_2, \cdots, h_{t-1}, h_t\}$ 表示 RNN 在连续时间步 $\{0, 1, 2, \cdots, t-1, t\}$ 内的一组内部状态，并假设序列 $\{x_0, x_1, x_2, \cdots, x_{t-1}, x_t\}$ 是同一连续时间步内的输入。

RNN 在时间步 t 的基本关系如下：

$$h_t = f\left(Wx_t + Uh_{t-1}\right)$$

其中，W 和 U 是权重矩阵，f 通常是 tanh 激活函数。

以下是基于 tf.keras.layers.SimpleRNN() API 的 Keras 模型的代码片段：

```
import tensorflow as tf
...
model = tf.keras.models.Sequential()
model.add(tf.keras.layers.SimpleRNN(5, input_shape=(1,2),
    batch_input_shape=[1,1,2],
    stateful=True))
...
```

你可以上网搜索以获取更多信息和关于 Keras 与 RNN 的代码示例。

5.1.2　什么是 BPTT

RNN 中的 BPTT 与 CNN 中的反向传播相对应。RNN 的权重矩阵会在 BPTT 期间更新以训练神经网络。

然而，RNN 中存在梯度爆炸问题，也就是说，梯度会变得无限大（而在所谓的梯度消失场景中，梯度会变得无限小）。处理梯度爆炸问题的一种方法是使用截断的 BPTT，这意味着 BPTT 是针对少量时间步而不是所有时间步计算的。另一种方法是使用简单的条件逻辑来指定梯度的最大值。

好消息是，还有一种方法可以同时克服梯度爆炸和梯度消失问题，就是本章稍后将要讨论的 LSTM。

5.2　在 Keras 中使用 RNN

清单 5.1 显示了 `keras_rnn_model.py` 的内容，演示了如何创建一个简单的基于 Keras 的 RNN 模型。

清单 5.1　keras_rnn_model.py

```
import tensorflow as tf

timesteps = 30
input_dim = 12

# RNN 神经元中的隐藏单元数
units = 512

# 待识别的类别数
n_classes = 5

# 带有 RNN 和稠密层的 Keras 序列模型
model = tf.keras.models.Sequential()
model.add(tf.keras.layers.SimpleRNN(units=units,
    dropout=0.2,
    input_shape=(timesteps, input_dim)))
model.add(tf.keras.layers.Dense(n_classes,
    activation='softmax'))

# 模型损失函数和优化器
model.compile(loss='categorical_crossentropy',
    optimizer=tf.keras.optimizers.Adam(),
    metrics=['accuracy'])
model.summary()
```

清单 5.1 首先初始化了变量 `timesteps`（时间步的数量）、`input_dim`（每个输入向量中元素的数量）、`units`（RNN 神经元中的隐藏单元数）和 `n_classes`（待识别的类别数）。

清单 5.1 的下一部分创建了一个基于 Keras 的模型，除了 RNN 层的代码片段之外，它看起来类似于早期的基于 Keras 的模型，如下所示：

```
model.add(tf.keras.layers.SimpleRNN(units=units,
    dropout=0.2,
    input_shape=(timesteps, input_dim)))
```

如你所见，上面的代码片段添加了一个 `SimpleRNN` 实例以及定义在前面的代码块中的变量。

清单 5.1 的最后一部分调用了 `compile()` 方法，然后调用了 `summary()` 方法以显示模型的结构。

执行清单 5.1 中的代码，你将看到以下输出：

```
Model: "sequential"
----------------------------------------------------------------
Layer (type)                Output Shape              Param #
================================================================
simple_rnn (SimpleRNN)      (None, 512)               268800
----------------------------------------------------------------
dense (Dense)               (None, 5)                 2565
----------------------------------------------------------------
```

```
Total params: 271,365
Trainable params: 271,365
Non-trainable params: 0
```

你已经看到了，在 Keras 中创建基于 RNN 的模型太容易了。接下来，让我们来看看另一个基于 RNN 的模型，这个模型将在 MNIST 数据集上进行训练。

5.3　在 Keras 中使用 RNN 和 MNIST 数据集

清单 5.2 显示了 keras_rnn_mnist.py 的内容，演示了如何创建一个简单的基于 Keras 的 RNN 模型，这个 RNN 模型是在 MNIST 数据集上进行训练的。

清单 5.2　keras_rnn_mnist.py

```python
# 简单的 RNN 和 MNIST 数据集
import tensorflow as tf
import numpy as np

# 实例化 mnist 并加载数据
mnist = tf.keras.datasets.mnist
(x_train, y_train), (x_test, y_test) = mnist.load_data()

# 对所有标签进行独热编码以创建与最后一层进行比较的 1×10 向量
y_train = tf.keras.utils.to_categorical(y_train)
y_test = tf.keras.utils.to_categorical(y_test)

# 调整大小并标准化 28×28 像素的图像
image_size = x_train.shape[1]
x_train = np.reshape(x_train,[-1, image_size, image_size])
x_test = np.reshape(x_test, [-1, image_size, image_size])
x_train = x_train.astype('float32') / 255
x_test = x_test.astype('float32') / 255

# 初始化一些超参数
input_shape = (image_size, image_size)
batch_size = 128
hidden_units = 256
dropout_rate = 0.3
num_labels = 10

# 带有 128 个隐藏单元的基于 RNN 的 Keras 模型
model = tf.keras.models.Sequential()
model.add(tf.keras.layers.SimpleRNN(units=hidden_units,
    dropout=dropout_rate,
    input_shape=input_shape))
model.add(tf.keras.layers.Dense(num_labels))
model.add(tf.keras.layers.Activation('softmax'))
model.summary()

model.compile(loss='categorical_crossentropy',
    optimizer='sgd',
    metrics=['accuracy'])

# 在训练数据上训练 RNN 模型
model.fit(x_train, y_train, epochs=8, batch_size=batch_size)

# 计算并显示准确率
loss, acc = model.evaluate(x_test, y_test, batch_size=batch_size)
print("\nTest accuracy: %.1f%%" % (100.0 * acc))
```

清单 5.2 从一些 import 语句开始，然后初始化 mnist 变量作为对 MNIST 数据集的引用，并初始化训练数据和测试数据。

清单 5.2 的下一部分确保了训练图像和测试图像都被调整为 28×28 像素大小，之后这些图像中的像素值（范围为 0～255）被缩放至 0～1。清单 5.2 的下一部分与清单 5.1 非常相似：初始化一些超参数，然后在 Keras 中创建基于 RNN 的模型。

接下来，我们引入了一些新代码。首先将模型结构保存到 rnn-mnist.png 文件中，然后调用 compile() 方法以将模型与训练数据同步，最后调用 fit() 方法以训练模型。

清单 5.2 的最后一部分在测试数据上评估了训练好的模型，并显示了 loss 和 acc 的值，它们分别对应于模型在测试数据上的损失和准确度。执行清单 5.2 中的代码，你将看到以下输出：

```
Model: "sequential"
_____
Layer (type)                  Output Shape              Param #
=================================================================
simple_rnn (SimpleRNN)        (None, 256)               72960
_____
dense (Dense)                 (None, 10)                2570
_____
activation (Activation)       (None, 10)                0
=================================================================
Total params: 75,530
Trainable params: 75,530
Non-trainable params: 0
Epoch 1/5
60000/60000 [==============================] - 33s
   542us/sample - loss: 0.8198 - accuracy: 0.7605
Epoch 2/5
6528/60000 [==>...........................] - ETA:
   27s - loss: 0.4661 - accuracy: 0.8627
60000/60000 [==============================] - 34s
   559us/sample - loss: 0.3724 - accuracy: 0.8917
Epoch 3/5
60000/60000 [==============================] - 33s
   545us/sample - loss: 0.2764 - accuracy: 0.9183
Epoch 4/5
60000/60000 [==============================] - 33s
   545us/sample - loss: 0.2269 - accuracy: 0.9327
Epoch 5/5
60000/60000 [==============================] - 34s
   561us/sample - loss: 0.1983 - accuracy: 0.9407
10000/10000 [==============================] - 2s
   237us/sample - loss: 0.1396 - accuracy: 0.9577
Test accuracy: 95.8%
```

5.4 在 TensorFlow 中使用 RNN（可选）

本节的代码示例是可选的，因为它基于 TensorFlow 1.x。谷歌已经发布了 TensorFlow 2。当你遇到本书中涉及 TensorFlow 1.x 的任何其他代码示例时，请记住这一点。

但是，本节的代码示例确实提供了一些关于 RNN 神经元中每个隐藏层的输出和状态的底层详细信息，这可以让你深入了解如何执行计算以及生成值。请记住，这两个时间步的数据是模拟数据，也就是说，数据不反映任何有意义的用例。简化数据的目的是帮助你专注于执行计算的方式。

清单 5.3 显示了 dynamic_rnn_2TP.py 的内容，演示了如何创建一个简单的基于 TensorFlow 的 RNN 模型。

清单 5.3　dynamic_rnn_2TP.py

```
import tensorflow as tf
import numpy as np

n_steps = 2    # 时间步的数量
n_inputs = 3 # 每个时间步的输入数量
n_neurons = 5 # 神经元的数量

X_batch = np.array([
 # t = 0 t = 1
 [[0, 1, 2], [9, 8, 7]], # 实例 0
 [[3, 4, 5], [0, 0, 0]], # 实例 1
 [[6, 7, 8], [6, 5, 4]], # 实例 2
 [[9, 0, 1], [3, 2, 1]], # 实例 3
])

# 序列长度小于或等于每批次的元素数量
seq_length_batch = np.array([2, 1, 2, 2])

X = tf.placeholder(dtype=tf.float32, shape=[None, n_steps, n_inputs])
seq_length = tf.placeholder(tf.int32, [None])

basic_cell = tf.nn.rnn_cell.BasicRNNCell(num_units=n_neurons)
outputs, states = tf.nn.dynamic_rnn(basic_cell, X, sequence_length=seq_length, dtype=tf.float32)

with tf.Session() as sess:
 sess.run(tf.global_variables_initializer())
 outputs_val, states_val = sess.run([outputs, states],
     feed_dict={X:X_batch, seq_length:seq_length_batch})

 print("X_batch shape:", X_batch.shape)
# (4,2,3)
 print("outputs_val shape:", outputs_val.shape)
# (4,2,5)
print("states_val shape:", states_val.shape)
# (4,5)

 print("outputs_val:",outputs_val)
 print("---------------------------\n")
 print("states_val: ",states_val)

########################################################################
# outputs => 所有 RNN 状态的输出
# states => 最后实际运行状态的输出（忽略零向量）
# state = output[1]用于完整序列
# state = output[0]用于短序列
########################################################################
```

清单 5.3 首先将 n_steps（时间步的数量）、n_inputs（每个时间步的输入数量）和 n_neurons（神经元的数量）分别初始化为 2、3 和 5。

NumPy 数组 X_batch 是一个用整数初始化的 4×2×3 数组。从注释行可以看出，其中第一列的值代表时间步 0，第二列的值代表时间步 1。你也可以将 X_batch 中的每一行数据视为两个时间步的数据实例。

变量 seq_length_batch 是一个一维整数向量，其中的每个整数指定了出现在纯零向量左侧的时间步的数量。如你所见，这个向量包含实例号 0、2 和 3 的值 2，还包含实例号 1 的值 0。

清单 5.3 的下一部分定义了占位符 x，它可以容纳任意数量的形状为[n_steps, n_inputs] 的数组。下面我们准备定义一个 RNN 单元，并指定它的输出和状态，如下所示：

```
basic_cell = tf.nn.rnn_cell.BasicRNNCell(num_units=n_neurons)
outputs, states = tf.nn.dynamic_rnn(basic_cell, X, sequence_length=seq_length, dtype=tf.float32)
```

要记住的关键点是，最右边隐藏单元的最终输出值是传递给下一个神经元的值。

执行清单 5.3 中的代码，你将看到以下输出：

```
#---------------------------
#outputs_val:
#[[[-0.09700205 0.7671716 0.6775758 0.01522888 0.5460828 ]
# [ 0.92776424 -0.5916748 0.67824966 0.99423325 0.9999991 ]]
#
# [[ 0.24040672 0.81568515 0.8890421 0.780813 0.99762475]
# [ 0. 0. 0. 0. 0. ]]
#
# [[ 0.5282535 0.8549201 0.9647311 0.9692446 0.99999046]
# [ 0.9725177 -0.7165484 0.46688017 0.9411293 0.9999323 ]]
#
# [[ 0.81080747 -0.9926888 0.56612366 0.9561879 0.9997731 ]
# [ 0.48786768 -0.7099759 -0.7283263 0.76442945 0.9971904 ]]]
#---------------------------
#states_val:
#[[ 0.92776424 -0.5916748 0.67824966 0.99423325 0.9999991 ]
# [ 0.24040672 0.81568515 0.8890421 0.780813 0.99762475]
# [ 0.9725177 -0.7165484 0.46688017 0.9411293 0.9999323 ]
# [ 0.48786768 -0.7099759 -0.7283263 0.76442945 0.9971904 ]]
#---------------------------
```

在上面的输出中，请注意以粗体显示的行的行数为 2、1、2、2，这与 seq_length_batch 中的值完全相同。如你所见，这些突出显示的行（以粗体显示）出现在标记为 states_val 的数组中。

清单 5.3 是一个非常小的 RNN 示例，希望这个示例能让你更好地理解 RNN 的内部工作原理。RNN 有很多变体，你可以在网上查阅这些变体。

5.5　什么是 LSTM

LSTM 是一种特殊的 RNN，它们非常适合包括自然语言处理、语音识别和手写识别在内的许多用例。LSTM 还非常适合处理所谓的长期依赖性。长期依赖性是指相关信息与需要这些信息的位置之间的距离差距。当文档的某一部分中的信息需要链接到文档中较远位置的信息时，就会出现这种情况。

LSTM 开发于 1997 年，并继续超越最先进算法的精度性能。LSTM 也在彻底改变语音识别（大约从 2007 年开始）。2009 年，LSTM 赢得了模式识别比赛。2014 年，百度使用 RNN 打破了语音识别纪录。

5.5.1　LSTM 剖析

LSTM 是有状态的，其中包含了使用 Sigmoid 激活函数的 3 个门（遗忘门、输入门和输出门)，还包含一个使用 tanh 激活函数的单元状态。在时间步 t，LSTM 的输入基于两个向量 h_{t-1} 和 x_t 的组合，然后在遗忘门、输入门和输出门中应用 Sigmoid 激活函数（也可以包括偏置向量）。

发生在时间步 t 的处理是 LSTM 的短期记忆。LSTM 的内部单元状态则保持长期记忆。更新内部单元状态涉及 tanh 激活函数，而其他门使用的是 Sigmoid 激活函数。下面的 TF 2 代码块为 LSTM 定义了一个基于 Keras 的模型：

```
import tensorflow as tf
...
model = tf.keras.models.Sequential()
model.add(tf.keras.layers.LSTMCell(6,batch_input_shape=(1,1,1),kernel_initializer='ones',stateful=True))
model.add(tf.keras.layers.Dense(1))
...
```

5.5.2　双向 LSTM

除了单向 LSTM，你还可以定义由两个常规 LSTM 组成的双向 LSTM：一个 LSTM 用于前向传播，另一个 LSTM 用于反向传播。你可能会惊讶地发现，双向 LSTM 非常适合用来解决 NLP 任务。

例如，ELMo 在被应用于 NLP 任务的深度词表示时使用了双向 LSTM。在 NLP 领域，一个更新的架构名为 Transformer，BERT 就使用了双向 Transformer。BERT 是一个可以解决复杂 NLP 问题的著名系统（由谷歌于 2018 年发布）。

下面的 TF 2 代码块创建了一个基于 Keras 的模型，该模型使用了双向 LSTM：

```
import tensorflow as tf
...
model = Sequential()
model.add(Bidirectional(LSTM(10, return_sequences=True), input_shape=(5,10)))
model.add(Bidirectional(LSTM(10)))
model.add(Dense(5))
model.add(Activation('softmax'))
model.compile(loss='categorical_crossentropy', optimizer='rmsprop')
...
```

上面的 TF 2 代码块包含两个双向 LSTM 单元，它们均以粗体显示。

5.5.3　LSTM 公式

LSTM 公式比简单的 RNN 更新公式更复杂，但有一些模式可以帮助你理解 LSTM 公式。

下面这些公式向你展示了如何在时间步 t 为遗忘门 f、输入门 i 和输出门 o 计算新的权重。这些公式还展示了如何计算新的内部状态和隐藏状态（均在时间步 t）。

注意遗忘门 f、输入门 i 和输出门 o 的模式：它们都计算两项的总和，并且每一项都是涉及 x_t 或 h_t 的乘积，然后将 Sigmoid 激活函数应用于两项的总和。具体来说，时间步 t 的遗忘门公式如下：

$$f_t = \sigma\left(W_f x_t + U_f h_t + b_f\right)$$

在上面的公式中，W_f、U_f 和 b_f 分别是与 x_t 相关的权重矩阵、与 h_t 相关的权重矩阵以及

遗忘门 f 的偏置向量。

请注意，i_t 和 o_t 的计算方式与 f_t 的计算方式相同。不同之处在于，i_t 具有矩阵 $\boldsymbol{W}_i$ 和 $\boldsymbol{U}_i$，而 o_t 具有矩阵 $\boldsymbol{W}_o$ 和 $\boldsymbol{U}_o$。因此，f_t、i_t 和 o_t 具有平行结构。

c_t、i_t 和 $\boldsymbol{h}_t$ 的计算是基于 f_t、i_t 和 o_t 的值进行的，如下所示：

$$c_t = f_t\, c_{t-1} + i_t \tanh(c_t')$$
$$c_t' = \sigma(\boldsymbol{W}_c \boldsymbol{x}_t + \boldsymbol{U}_c \boldsymbol{h}_{t-1})$$
$$\boldsymbol{h}_t = o_t \tanh(c_t)$$

LSTM 的最终状态是一个一维向量，其中包含 LSTM 中所有其他层的输出。如果模型包含多个 LSTM，则给定 LSTM 的最终状态向量将成为模型中下一个 LSTM 的输入。

5.5.4　LSTM 超参数调优

LSTM 也容易过拟合，如果想要手动优化 LSTM 的超参数，下面列出了一些需要考虑的事项：

- 过拟合（使用正则化，如 $L1$ 正则化或 $L2$ 正则化）；
- 更大的网络更容易过拟合；
- 更多的数据往往可以减少过拟合；
- 使用多批次训练网络；
- 学习率相当重要；
- 堆叠多层会有帮助；
- 对于 LSTM，使用 Softsign 代替 Softmax；
- RMSprop、AdaGrad 和 momentum 都是不错的选择；
- Xavier 权重初始化。

读者可自行搜索以上列表中相关优化的更多信息。

5.6　在 TensorFlow 中使用 LSTM（可选）

清单 5.4 显示了 `dynamic_lstm_2TP.py` 的内容，演示了如何创建一个简单的基于 Tensor Flow 1.x 的 LSTM 模型。

清单 5.4　dynamic_lstm_2TP.py

```
import tensorflow as tf
import numpy as np


n_steps = 2    # 时间步的数量
n_inputs = 3   # 每个时间步的输入数量
n_neurons = 5  # 神经元的数量


X_batch = np.array([
 # t = 0 t = 1
 [[0, 1, 2], [9, 8, 7]], # 实例 0
 [[3, 4, 5], [0, 0, 0]], # 实例 1
 [[6, 7, 8], [6, 5, 4]], # 实例 2
```

```
 [[9, 0, 1], [3, 2, 1]], # 实例 3
])

seq_length_batch = np.array([2, 1, 2, 2])
X = tf.placeholder(dtype=tf.float32,shape=[None,n_steps,n_inputs])
seq_length = tf.placeholder(tf.int32, [None])

basic_cell = tf.nn.rnn_cell.BasicLSTMCell(num_units=n_neurons)
outputs, states = tf.nn.dynamic_rnn(basic_cell, X, sequence_length=seq_length, dtype=tf.float32)

with tf.Session() as sess:
  sess.run(tf.global_variables_initializer())
  outputs_val, states_val = sess.run([outputs, states],
      feed_dict={X:X_batch, seq_length:seq_length_batch})

  print(" X_batch shape:", X_batch.shape)
# (4,2,3)
  print("outputs_val shape:", outputs_val.shape)
# (4,2,5)
  print("states: ", states_val)
# LSTMStateTuple(...)
  print("outputs_val:",outputs_val)
  print("--------------------------\n")
  print("states_val: ",states_val)
```

清单 5.4 的前半部分与清单 5.3 的前半部分相同,第一行不同的代码是将 basic_cell 定义为 LSTM(以粗体显示)。

请注意,清单 5.4 中的输出和状态的初始化方式与清单 5.3 中的完全相同。清单 5.4 的下一部分是作为训练循环的 tf.Session() 代码块。

在清单 5.4 中,另一个需要注意的区别是,在训练循环的每次计算期间,states_val 实际上是 LSTMStateTuple 的一个实例,而清单 5.3 中的 states_val 是一个 4×5 的张量。执行清单 5.4 中的代码,你将看到以下输出:

```
('X_batch shape:', (4, 2, 3))
('outputs_val shape:', (4, 2, 5))

('states: ', LSTMStateTuple(c=array(
    [[-1.0492262 , -0.1059267 , -0.27163735, -0.64399946, 0.06018598],
    [-0.7445494 , 0.00723887, -0.11805946, -0.26550752, 0.21816696],
    [-1.4126835 , 0.05187892, -0.07408151, -0.66379607, 0.1348486 ],
    [-0.5987958 , 0.24536057, -0.16916996, -0.8177415 , 0.39747238]],
    dtype=float32), h=array(
    [[-7.33636796e-01, -6.07701950e-02, -1.40444040e-01, -2.65002381e-02, 5.37334010e-04],
    [-4.83454257e-01, 3.39480606e-03, -3.36034223e-02, -2.59866733e-02, 4.49425131e-02],
    [-7.36429453e-01, 2.63450593e-02, -4.42487188e-02, -1.05846934e-01, 5.22684120e-03],
    [-3.73311013e-01, 1.35892674e-01, -9.72046256e-02, -2.79455721e-01, 5.36275432e-02]], dtype=float32)))

  ('outputs_val:', array([
    [[-1.39581457e-01, -8.17378387e-02, -8.70967656e-02, -3.05497926e-02, 1.16406225e-01],
    [-7.33636796e-01, -6.07701950e-02, -1.40444040e-01, -2.65002381e-02, 5.37334010e-04]],
```

```
    [[-4.83454257e-01, 3.39480606e-03, -3.36034223e-02, -2.59866733e-02, 4.49425131e-02],
    [ 0.00000000e+00, 0.00000000e+00, 0.00000000e+00, 0.00000000e+00, 0.00000000e+00]],
    [[-6.21303201e-01, 4.13885061e-03, -6.17417134e-03, -8.89408588e-03, 4.83810157e-03],
    [-7.36429453e-01, 2.63450593e-02, -4.42487188e-02, -1.05846934e-01, 5.22684120e-03]],
    [[- 1.01410240e-01, 4.99857590e-02, -9.47358180e-03, -3.74739647e-01, 9.64458846e-03],
    [- 3.73311013e-01, 1.35892674e-01, -9.72046256e-02, - 2.79455721e-01, 5.36275432e-02]]], dtype=float32))
--------------------------
('states_val: ', LSTMStateTuple(c=array(
    [[-1.0492262 , -0.1059267 , -0.27163735, -0.64399946, 0.06018598],
    [-0.7445494 , 0.00723887, -0.11805946, -0.26550752, 0.21816696],
    [-1.4126835 , 0.05187892, -0.07408151, -0.66379607, 0.1348486 ],
    [-0.5987958 , 0.24536057, -0.16916996, -0.8177415 , 0.39747238]],
    dtype=float32), h=array(
    [[- 7.33636796e-01, -6.07701950e-02, -1.40444040e-01, -2.65002381e-02, 5.37334010e-04],
    [- 4.83454257e-01, 3.39480606e-03, -3.36034223e-02, -2.59866733e-02, 4.49425131e-02],
    [- 7.36429453e-01, 2.63450593e-02, -4.42487188e-02, -1.05846934e-01, 5.22684120e-03],
    [- 3.73311013e-01, 1.35892674e-01, -9.72046256e-02, - 2.79455721e-01, 5.36275432e-02]], dtype=float32)))
```

关于输出，有两个地方需要特别注意。首先，检查前面输出中以粗体显示的中间部分，并注意这些值与标记为 states_val 的输出部分的最终输出块中显示的值相同。

其次，以粗体显示的第二个代码块包含两个向量：一个非零向量后跟一个零向量，对应清单 5.4 中标记为实例 1 的数据。

5.7 什么是 GRU

GRU（Gate Recurrent Unit，门控循环单元）是一种 RNN，它是 LSTM 的简化类型。GRU 和 LSTM 的主要区别如下：GRU 有两个门（重置门和更新门），而 LSTM 有 3 个门（输入门、输出门和遗忘门）。GRU 中的重置门执行 LSTM 中的输入门和遗忘门的功能。

请记住，GRU 和 LSTM 的目标都是有效跟踪长期依赖关系，并且它们都解决了梯度消失和梯度爆炸问题。

5.8 什么是自动编码器

自动编码器（AutoEncoder，AE）是一种输出层与输入层相同的类似于 MLP 的神经网络。最简单的自动编码器包含一个神经元少于输入层或输出层的隐藏层。然而，有许多不同类型的自动编码器，它们有多个隐藏层，有时包含比输入层更多的神经元（而有时则包含更少的神经元）。

自动编码器使用无监督学习和反向传播来学习有效的数据编码。它们的目的是降维：自动编码器将输入值设置为等于输入，然后尝试找到输出相等的函数。图 5.2 显示了一个简单的包含一个隐藏层的自动编码器。

在本质上，自动编码器会将输入压缩为比输入数据维数更少的"中间"向量，然后将中间向量转换为与输入形状相同的张量。下面列出了自动编码器的几个用例：

- 文档检索；
- 分类；
- 异常检测；
- 对抗性自动编码器；
- 图像去噪（旨在生成清晰的图像）。

自动编码器也可以用于特征提取，因为它们可以产生比主成分分析更好的结果。请记住，自动编码器是特定于数据的，这意味着它们仅适用于相似的数据。

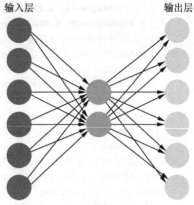

图 5.2　自动编码器
（改编自 Philippe Remy）

然而，它们不同于图像压缩（并且对数据压缩来说比较平庸）。例如，一个在人脸图片上训练的自动编码器在处理树木图片时效果很差。总之，自动编码器有以下特点：

- 将输入"挤压"到更小的层；
- 学习一组数据的表示；
- 通常用于降维（如 PCA）；
- 只保留中间的"压缩"层。

举个例子，考虑一幅 10×10 像素大小的图像，以及一个有 100 个神经元的自动编码器，一个有 50 个神经元的隐藏层和一个有 100 个神经元的输出层。自动编码器会将 100 个神经元压缩为 50 个神经元。

如你所见，基础版的自动编码器有许多变体，其中一些如下：

- LSTM 自动编码器；
- 去噪自动编码器；
- 收缩自动编码器；
- 稀疏自动编码器；
- 堆叠自动编码器；
- 深度自动编码器；
- 线性自动编码器。

如果感兴趣，你可以在网上搜索到各种自动编码器变体。

通过在线搜索，你可以找到示例代码，以及有关自动编码器及其相关用例的详细信息。

5.8.1　自动编码器和主成分分析

如果自动编码器使用线性激活或仅使用单个具有 Sigmoid 激活函数的隐藏层，则自动编码器的最优解决方案与 PCA 密切相关。

具有大小为 p（其中 p 小于输入的大小）的单个隐藏层的自动编码器的权重与前 p 个主成分生成相同的向量子空间。

自动编码器的输出是这个向量子空间的正交投影。自动编码器的权重不等于主成分，并且通常不正交，但可以使用奇异值分解从中获得主成分。

5.8.2 什么是可变自动编码器

简言之，可变自动编码器是一种增强的自动编码器，其中左侧充当编码器，右侧充当解码器，双方都有一个与编码和解码过程相关的概率分布。

此外，编码器和解码器其实都是神经网络。编码器的输入是数值向量 x，输出是具有权重和偏置的隐藏表征 z。解码器具有输入 a（即编码器的输出），解码器的输出则是数据的概率分布的参数，也具有权重和偏置。注意，编码器和解码器的概率分布是不同的。

图 5.3 显示了一个仅有一个隐藏层的可变自动编码器。

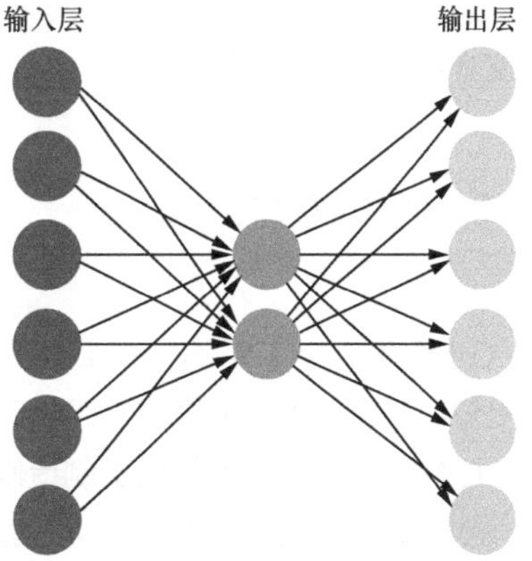

图 5.3　可变自动编码器

5.9　什么是 GAN

GAN（生成对抗网络）最初的目的是生成合成数据，通常用于扩充小数据集或不平衡数据集。GAN 的一个用例与寻找失踪人员有关：将这些人过往的可用图像提供给 GAN，以便生成这些人如今可能的样子的图像。GAN 还有许多其他用例，下面列出了其中的一些：

- 生成艺术品；
- 创造时尚风格；
- 改善低质量图像；
- 创造 "人造" 面孔；
- 重建不完整或损坏的图像。

Ian Goodfellow（蒙特利尔大学机器学习博士）于 2014 年创造了 GAN。Yann LeCun（Facebook 的人工智能研究主管）称对抗训练是 "过去 10 年里机器学习领域最有趣的想法"。顺便说一句，Yann LeCun 是 2019 年图灵奖的三位获奖者之一，另外两位是 Yoshua Bengio 和 Geoffrey Hinton。

GAN 变得越来越普遍，人们正在为它们寻找创造性的（意想不到的）用途。GAN 已经被用于对抗性攻击，比如使图像识别系统失灵。GAN 可以通过改变像素值来从有效图像中生成伪造图像以欺骗神经网络。由于这些系统依赖于像素模式，因此可以通过对抗性图像（像素值已更改的图像）来欺骗它们。

根据麻省理工学院的一篇论文，触发错误分类的修改值利用了图像系统与特定对象相关联的精确模式。研究人员注意到，数据集包含两种模式的相关性：与数据集数据相关的模式，以及数据集数据中不可泛化的模式。GAN 成功地利用后一种模式来欺骗图像识别系统。

可以阻止对抗性攻击吗

遗憾的是，对抗性攻击没有长期的解决方案，可能永远不可能完全防御它们。尽管人们正在开发各种技术来阻止对抗性攻击，但它们的有效性往往是短暂的：创建的新 GAN 可以胜过这些技术。

有趣的是，就像其他神经网络一样，GAN 在收敛方面可能存在问题，解决此问题的一种技术名为小批量判别。

5.10　创建 GAN

GAN 有两个主要部分：生成器和判别器。生成器可以具有类似于 CNN 的体系架构以生成图像，而判别器也可以具有类似于 CNN 的体系架构以检测图像（由生成器提供）是真还是假。打个比方，生成器类似于制造假币的人，而判别器类似于试图区分真币和假币的执法人员。

生成器（之前已初始化）将伪造图像发送到判别器（已训练但不可再更新）进行分析。如果判别器在检测图像真伪方面高度准确，则需要修改生成器以提高生成的伪造图像的质量。对生成器的修改是通过反向误差传播来执行的。另外，如果判别器表现不佳，则说明生成器正在生成高质量的伪造图像，因此生成器不需要进行重大修改。

清单 5.5 显示了 keras_create_gan.py 的内容，它定义了一个用于创建 GAN 的 Python 函数。

清单 5.5　keras_create_gan.py

```
import tensorflow as tf

def build_generator(img_shape, z_dim):
    model = tf.keras.models.Sequential()
    #全连接层
    model.add(tf.keras.layers.Dense(128, input_dim=z_dim))
    #LeakyReLU 激活函数
    model.add(tf.keras.layers.LeakyReLU(alpha=0.01))
    #带有 tanh 激活函数的输出层
    model.add(tf.keras.layers.Dense(28 * 28 * 1, activation='tanh'))
    #将生成器的输出重整为图像尺寸
    model.add(tf.keras.layers.Reshape(img_shape))
    return model

def build_discriminator(img_shape):
    model = tf.keras.models.Sequential()
    #展平输入图像
    model.add(tf.keras.layers.Flatten(input_shape=img_shape))
    #全连接层
    model.add(tf.keras.layers.Dense(128))
    #LeakyReLU 激活函数
    model.add(tf.keras.layers.LeakyReLU(alpha=0.01))
    #带有 Sigmoid 激活函数的输出层
    model.add(tf.keras.layers.Dense(1, activation='sigmoid'))
    return model

def build_gan(generator, discriminator):
    #确保判别器不可训练
```

```
        discriminator.trainable = False
        #连接生成器和判别器
        gan = tf.keras.models.Sequential()

        #从生成器开始
        gan.add(generator)

        #然后添加判别器
        gan.add(discriminator)

        #编译 GAN
        opt = tf.keras.optimizers.Adam(lr=0.0002, beta_1=0.5)
        gan.compile(loss='binary_crossentropy', optimizer=opt)
        return gan

gen = build_generator(...)
dis = build_discriminator(...)
gan = build_gan(gen, dis)
```

如你所见，清单 5.5 包含 build_generator()、build_discriminator()和 build_gan()三个 Python 方法，分别用于创建生成器、判别器和 GAN。

用一个生成器和一个判别器初始化 GAN。注意，build_gan()方法中的判别器不可训练，见如下代码：

```
discriminator.trainable = False
```

需要注意的是，清单 5.5 不会创建类似于 CNN 的体系架构。下面的代码块展示了创建判别器的另一种方法（细节已省略）：

```
dis = build_discriminator(...)
gen_model = tf.keras.models.Sequential()
gen_model.add(tf.keras.layers.Dense(...))
gen_model.add(tf.keras.layers.LeakyReLU(alpha=0.2))
gen_model.add(tf.keras.layers.Reshape(...))

#上采样代码
gen_model.add(tf.keras.layers.Conv2DTranspose(...))
gen_model.add(tf.keras.layers.LeakyReLU(...))
...
gen_model.add(tf.keras.layers.Reshape(...))
gen_model.add(tf.keras.layers.LeakyReLU(...))

#输出层
gen_model.add(tf.keras.layers.Conv2D(...))
```

上面的代码块使用了 Conv2D()类和 LeakyReLU()类（类似于 ReLU 激活函数），但请注意，这里没有最大池化层。请检查在线文档以了解上采样和 TensorFlow/Keras 类 LeakyReLU()和 Conv2DTranspose()。

GAN 的高阶视图

GAN 有多种类型，如 DCGAN、cGAN 和 StyleGAN。通常，创建 GAN 涉及以下高阶步骤序列。

步骤 1：选择一个数据集（如 MNIST 或 cifar10 数据集）。

步骤 2：定义和训练判别器模型。

步骤 3：定义和使用生成器模型。

步骤 4：训练生成器模型。

步骤 5：评估 GAN 模型的性能。

步骤 6：使用最终的生成器模型。

尽管 GAN 可能与 CNN 类似，但它们在使用的层上仍存在一些重要差异。首先，GAN 中的卷积层往往有(2, 2)的步幅，也就是说，卷积滤波器一次移动两列，然后一次向下移动两行。其次，GAN 包含一个 LeakyReLU 激活函数，它与 ReLU 激活函数略有不同。最后，GAN 没有最大池化层。

此外，GAN 还涉及放大比例的概念，从某种意义上讲，这就像缩小比例（如最大池化）的对立面。执行在线搜索可以获取有关 GAN 的更多详细信息。

5.11　总结

本章首先介绍了 RNN，RNN 是有状态的深度学习体系架构，可以用来完成一些相应的任务，你看到了一个基于 Keras 的代码示例。接下来，本章介绍了 LSTM，你看到了一个基本的代码示例。此外，你还看到了一个带有 LSTM 单元的 TensorFlow 1.x 代码示例，它的输出显示了执行一些内部计算的路径。之后，你学习了可变自动编码器及其一些用例。最后，本章介绍了 GAN，并对如何构建和训练 GAN 进行了高阶描述。

第 6 章　自然语言处理和强化学习

本章简要介绍自然语言处理（NLP）和强化学习（RL）。这两个主题可以轻松地填满一整本书，它们常常涉及各种复杂的其他主题，这意味着本章对这两个主题的介绍只能是很有限的。如果想要彻底掌握 BERT（本章后面会简要讨论），则需要学习注意力机制和 Transformer 架构。同样，如果想要更扎实地理解深度强化学习，则需要理解深度学习架构。在读完本章对 NLP 和 RL 的粗略介绍后，你可以在网上找到感兴趣的其他相关信息。

本章分为三部分。本章的第一部分（6.1 节～6.7 节）讨论了 NLP，并采用 Keras 中的一些代码作为示例。这一部分还讨论了自然语言理解（Natural Language Understanding，NLU）和自然语言生成（Natural Language Generation，NLG）。

本章的第二部分（6.8 节～6.11 节）通过对非常适合强化学习的任务类型进行描述来介绍强化学习。你将了解到 N 链任务和 epsilon 贪心算法，它们可以解决纯贪心算法无法解决的问题。在这一部分，你还将学习贝尔曼方程，这是强化学习的基石。

本章的第三部分（6.12 节和 6.13 节）讨论了谷歌的 TF-Agents 工具包和深度强化学习（深度学习与强化学习的结合）。

6.1　使用 NLP

本节将重点介绍 NLP 中的一些概念。根据你的知识背景，你可能需要进行在线搜索以了解关于这些概念的更多信息。即使只对这些概念进行浅尝辄止的了解，也能帮助你明白为了进一步学习 NLP 应该做些什么。

目前，NLP 是机器学习领域的一个热点。下面列出了 NLP 的一些用例：

- 聊天机器人；
- 搜索（文本和音频）；
- 文本分类；
- 情感分析；
- 推荐系统；
- 问答；
- 语音识别；
- NLU（自然语言理解）；
- NLG（自然语言生成）。

在日常生活中，你会遇到许多这样的用例场景：访问网页，或者在线搜索图书，或者阅读电影推荐等。

6.1.1 NLP 技术

最早用于解决 NLP 问题的方法通常是基于规则的，这种方法已经主导行业几十年。这类 NLP 技术的例子包括正则表达式和上下文无关语法。正则表达式常常用于移除我们从网页上抓取的文本中的 HTML 标签，或者将文档中不需要的特殊字符删除。

另一种方法通过一些数据来训练机器学习模型，这些数据基于一些用户定义的特征。这类 NLP 技术需要执行大量的特征工程（这是一项十分重要的任务），还包括分析文本以去除不需要的和多余的内容（包括停止词），以及对单词进行转换（例如将大写转换成小写）。

更新的方法则是采用深度学习，即采用神经网络来学习特征，而不是依赖人力来执行特征工程。其中的关键思想是将单词映射到数值，这使得我们能够将句子映射到数值向量。在将文档转换为向量后，就可以对这些向量执行各种可能的操作。例如，我们可以使用向量空间的概念来定义向量空间模型。此时，两个向量之间的距离可以通过它们之间的夹角来度量（与余弦相似性相关）。如果两个向量彼此接近，则相应的句子在语义上更有可能相似。这种相似性判定主要基于一种分布假设，即在相同的上下文中，单词往往趋向于相似的含义。

6.1.2 Transformer 架构和 NLP

2017 年，谷歌推出了 Transformer 架构，该架构基于非常适合语言理解的自注意力机制。

谷歌证明了在将学术英语翻译为德语，以及将学术英语翻译为法语方面，Transformer 的表现优于早期的 RNN 和 CNN。此外，Transformer 训练所需的计算量更小，从而将训练速度提高了一个数量级。

Transformer 可以处理 "I arrived at the bank after crossing the river"（我渡河之后到了岸边）这句话，正确判断 "bank" 指的是一条河的岸边，而不是金融机构。Transformer 通过将 bank（河岸）和 river（河流）联系起来，仅一个步骤就做出了正确判断。下面是另一个例子，Transformer 可以判定 "它" 在这两条句子中的不同含义。

- 这匹马没有过马路，因为它太累了。
- 这匹马没有过马路，因为它太窄了。

Transformer 通过对单词与句子中的其他单词进行比较来计算给定单词的下一个表示，从而得出句子中单词的注意力得分。Transformer 使用这些分数来确定其他单词对给定单词的下一个表示的贡献程度。

这些比较的结果是句子中每一个其他单词的注意力得分。因此，"river"（河）在为 "bank"（岸边）计算新的表示时获得了较高的注意力得分。

尽管 LSTM 和双向 LSTM 已经在 NLP 任务中得到大量应用，但在人工智能社区，Transformer 获得了极大的关注，不仅在多种语言之间的翻译方面，更在某些任务中，Transformer 的性能优于 RNN 和 CNN。Transformer 训练模型所需的计算时间更少，这也是一些人认为 Transformer 已经开始取代 RNN 和 LSTM 的原因。

另一个有趣的新体系架构名为注意力增强卷积网络，它是 CNN 和自注意力的一种组合。这种组合比纯 CNN 能达到更高的精度，你可以在 Bello 等人的文章 "Attention Augmented Convolutional Networks" 中找到更多的细节。

6.1.3 Transformer-XL 架构

Transformer-XL 将 Transformer 与循环机制和相对位置编码两种技术相结合，得到了相比 Transformer 更好的结果。

Transformer-XL 和 Transformer 都处理符号的第一个分段，但前者还保留隐藏层的输出。因此，每个隐藏层都从先前的隐藏层接收两个输入，然后将它们连接起来，以向神经网络提供附加信息。

6.1.4 Reformer 架构

Reformer 采用两种技术（即消耗更少的内存并且对长序列有更高的性能）来提高 Transformer 的效率。因此，Reformer 的复杂性低于 Transformer。

6.1.5 NLP 和深度学习

采用深度学习的 NLP 模型包括 CNN、RNN、LSTM 和双向 LSTM。例如，2018 年，谷歌发布了 BERT，这是一个极其强大的 NLP 框架。BERT 相当复杂，涉及双向 Transformer 和注意力机制。

将深度学习应用于 NLP 通常相比其他技术可以带来更高的精度，但是请记住，这种机器学习方法的速度有时不如基于规则的和传统的机器学习方法。

6.1.6 NLP 中的数据预处理任务

在对文档进行操作时，需要执行一些常见的数据预处理任务，如下所示：

- [1]大写转为小写；
- [1]噪声消除；
- [2]归一化；
- [3]文本增强；
- [3]停用词删除；
- [3]词干提取；
- [3]词形还原。

上述任务前的号码表示任务的类别：

- 号码[1]代表强制性任务；
- 号码[2]代表推荐任务；
- 号码[3]代表任务相关。

简言之，数据预处理任务至少包括删除冗余单词（如 a、the 等）、删除单词的末尾字符（running、runs 和 ran 都视为 run）以及将文本从大写转为小写。

6.2 流行的 NLP 算法

下面列出了一些流行的 NLP 算法，在一些场景中，它们是更复杂的 NLP 工具包的基础。

- 词袋。
- *n*-gram 和 skip-gram。
- TF-IDF：关键词提取的基本算法。
- Word2Vector：用于描述文本的 O/S 项目。
- GloVe。
- LDA：文本分类。
- 协同过滤（Collaborative Filtering，CF）：新闻推荐系统（谷歌新闻和雅虎新闻）中的一种算法。

6.2.1   什么是 *n*-gram

n-gram 是一种创建词表的技术，它基于组合在一起的相邻单词。这种技术保留了一些单词的位置信息（不像词袋）。你需要指定 *n* 的值，该值又定义了组的大小。

具体的思路很简单：对于一个句子中的每个单词，构建一个术语词表，其中包含了给定单词及其两侧共 *n* 个单词。举个简单的例子，句子 "This is a sentence" 有以下 2-gram：

```
(this, is),  (is, a),  (a, sentence)
```

又如，我们可以用相同的句子来确定它的 3-gram：

```
(this, is, a),  (is, a, sentence)
```

n-gram 的概念强大到令人惊讶，并且在流行的开源工具包中得到大量使用，比如 ELMo 和 BERT 在预处理它们的模型时就会用到。

6.2.2   什么是 skip-gram

给定一个句子中的一个单词，skip-gram 会构建一个术语词表，方法是构建一个列表，该列表包含给定单词两边的 *n* 个单词，后面跟着这个单词本身。例如，考虑以下句子：

```
the quick brown fox jumped over the lazy dog
```

大小为 1 的 skip-gram 产生以下术语词表：

```
([the,brown],quick),([quick,fox],brown),([brown,jumpeded],fox),...
```

大小为 2 的 skip-gram 产生以下术语词表：

```
([the,quick,fox,jumped], brown),([quick,brown,jumped,over], fox),  ([brown,fox,over,the],jumped),...
```

6.2.3   什么是词袋

词袋（Bag of Word，BoW）会为句子中的每个单词分配一个数值，并将这些单词视为一个集合（或包）。因此，BoW 不跟踪相邻单词，它是一种非常简单的算法。

清单 6.1 显示了 Python 脚本 `bow_to_vector.py` 的内容，演示了如何使用 BoW。

清单 6.1 bow_to_vector.py

```
VOCAB = ['dog', 'cheese', 'cat', 'mouse']
TEXT1 = 'the mouse ate the cheese'
TEXT2 = 'the horse ate the hay'

def to_bow(text):
    words = text.split(" ")
    return [1 if w in words else 0 for w in VOCAB]

print("VOCAB: ",VOCAB)
print("TEXT1:",TEXT1)
print("BOW1: ",to_bow(TEXT1)) # [0, 1, 0, 1]
print("")

print("TEXT2:",TEXT2)
print("BOW2: ",to_bow(TEXT2)) # [0, 0, 0, 0]
```

清单 6.1 初始化了一个列表 VOCAB 和两个文本字符串 TEXT1、TEXT2。清单 6.1 的下一部分定义了返回包含 0 和 1 的数组的 Python 函数 to_bow()：如果当前句子中的单词出现在术语词表中，则返回 1（否则返回 0）。清单 6.1 的最后一部分用两个不同的句子调用 Python 函数 to_bow()。执行清单 6.1 中的代码，输出如下：

```
('VOCAB: ', ['dog', 'cheese', 'cat', 'mouse'])
('TEXT1:', 'the mouse ate the cheese')
('BOW1: ', [0, 1, 0, 1])

('TEXT2:', 'the horse ate the hay')
('BOW2: ', [0, 0, 0, 0])
fitting model...
```

6.2.4 什么是词频

词频（Term Frequency，TF）是指一个单词在文档中出现的次数，词频在不同的文档中可能会有所不同。考虑一个由以下两个"文档"（Doc1 和 Doc2）组成的简单示例：

```
Doc1 = "This is a short sentence"
Doc2 = "yet another short sentence"
```

单词 is 和 short 的词频如下：
- 对于 Doc1，TF(is) = 1/5；
- 对于 Doc2，TF(is) = 0；
- 对于 Doc1，TF(short) = 1/5；
- 对于 Doc2，TF(short) = 1/4。

上面的值将用于计算 TF-IDF，详见 6.2.6 节。

6.2.5 什么是反文档频率

给定一组文档（N 个）和一个文档中的一个单词，我们可以按照如下方法定义每个单词的反文档频率（Inverse Document Frequency，IDF）：

$$DC = 包含给定单词的文档数量$$

$$IDF = \log(N/DC)$$

现在，让我们使用与 6.2.4 节中相同的两个文档（Doc1 和 Doc2）：

```
Doc1 = "This is a short sentence"
Doc2 = "yet another short sentence"
```

单词 is 和单词 short 的 IDF 计算如下：

$$IDF(is) = \log(2/1) = \log(2)$$
$$IDF(short) = \log(2/2) = 0$$

6.2.6 什么是 TF-IDF

TF-IDF 结合了词频和反文档频率，是 TF 和 IDF 的乘积，如下所示：

$$TF\text{-}IDF = TF \times IDF$$

高频词的 TF 较高，但 IDF 较低。一般来说，"罕见"词比"流行"词更具备相关性，所以它们有助于提取相关性。举个例子，假设你有一个包含 10 个文档的集合（里面是真实文档，而不是我们之前使用的实验性文档）。单词 the 在英语句子中经常出现，但它在任何文档中都没有提供任何主题的相关指示。另外，如果你确定单词 universe 在单个文档中出现了多次，那么此信息可以提供关于这个文档主题的一些指示，这样借助 NLP 技术就可以辅助确定该文档的主题。

6.3 什么是词嵌入

嵌入是一个固定长度的向量，用于编码和表示一个实体（如文档、句子、单词或图）。每个词都由一个实值向量表示，这可能导致数百的维度。此外，这种编码可以产生稀疏向量。这样的一个例子是独热编码，其中只有一个位置的值为 1，所有其他位置的值都为 0。

有 3 种流行的词嵌入算法，它们分别是 Word2Vec、GloVe 和 FastText。请记住，这 3 种词嵌入算法涉及无监督的方法。它们也基于分布假设：在相同的语境中，词往往有相似的含义。

除了前面提及的流行算法之外，还有一些流行的嵌入模型，下面列出了其中的一些：

- 基线平均句子嵌入；
- Doc2Vec；
- 神经网络语言模型；
- Skip-Thought 向量；
- Quick-Thought 向量；
- InferSent；
- 通用句子编码器。

读者可以自行搜索有关上述嵌入模型的更多信息。

6.4 ELMo、ULMFit、OpenAI、BERT 和 ERNIE 2.0

在 2018 年和 2019 年，NLP 相关研究取得了一些重大进展，出现了以下工具包或框架。

- ELMo：发布于 2018 年 2 月。
- ULMFit：发布于 2018 年 5 月。
- OpenAI：发布于 2018 年 6 月。
- BERT：发布于 2018 年 10 月。
- MT-DNN：发布于 2019 年 1 月。
- ERNIE 2.0：发布于 2019 年 8 月。

ELMo（Embeddings from Language Model，语言模型嵌入）提供了深度上下文的词表示和先进的上下文词向量，使词嵌入得到了显著提升。

Jeremy Howard 和 Sebastian Ruder 创造了 ULMFit（Universal Language Model Fine-tuning，通用语言模型优化），这是一种可以应用于 NLP 中任何任务的迁移学习方法。ULMFit 在 6 个文本分类任务上表现出明显的先进性，并在大多数数据集上减少了 18%～24%的错误。

此外，只需要 100 个标签样例，ULMFit 就能够匹配对 100 倍以上的数据进行训练的性能。ULMFit 可从 GitHub 网站下载。

OpenAI 开发了 GPT-2，这是一个经过训练的模型，可以预测 40GB 互联网文本中的下一个词。

GPT-2 是一个大型的基于 Transformer 的语言模型，有 15 亿个参数，可在包含 800 万个网页的数据集上进行训练，强调内容的多样性。给定一些文本中所有先前的词，GPT-2 被训练用于预测下一个词。数据集的多样性使得这个目标自然而然地包含许多跨不同领域的任务。GPT-2 是 GPT 的直接升级版，参数的数量是 GPT 的 10 倍，训练数据量更是 GPT 的 10 倍不止。

BERT（Bidirectional Encoder Representations from Transformer，Transformer 双向编码器表示）可以通过如下简单的英语测试（即 BERT 可以在多个选项中确定正确的选项）：

```
On stage, a woman takes a seat at the piano. She:
a) sits on a bench as her sister plays with the doll.
b) smiles with someone as the music plays.
c) is in the crowd, watching the dancers.
d) nervously sets her fingers on the keys.
```

你在 Jupyter Notebook 上也可以使用 BERT，但你需要以下信息才能在谷歌合作实验室中运行 Jupyter Notebook：

- 谷歌计算引擎账号；
- 谷歌云存储空间。

2019 年 3 月，百度开源了 ERNIE（enhanced representation through knowledge integration，知识集成增强表示）1.0。百度声称，ERNIE 在涉及中文理解的任务上的表现优于 BERT。2019 年 8 月，百度开源了 ERNIE 2.0，可从 GitHub 的 PaddlePaddle 仓库中下载 ERNIE 2.0。

6.5 什么是 Translatotron

Translatotron 是一种端到端的语音到语音翻译模型（来自谷歌），其输出保留了原说话人的语音；此外，它训练使用的数据较少。

在过去的几十年里，语音到语音翻译系统一直在发展，目标是帮助说不同语言的人相互交流。这种系统由如下 3 部分组成：

- 自动语音识别，将源语音转录为文本；
- 机器翻译，将转录的文本翻译成目标语言；
- 文本到语音合成，从翻译的文本生成目标语言的语音。

上述方法在商用产品（包括谷歌翻译）中取得了成功。但是，Translatotron 不需要单独的阶段，因此具有以下优势：

- 推理速度更快；
- 能够避免识别和翻译之间的复合错误；
- 翻译后更容易保留原说话人的声音；
- 能够更好地处理未翻译的词（比如名字和专有名词）。

6.6   深度学习和 NLP

在第 4 章，我们学习了 CNN，并了解到它们如何很好地适应图像分类任务。你可能会惊讶地发现，CNN 也可以处理 NLP 任务。但是，你必须首先将字典中的每个词（可以是英文单词或其他语言中词语的子集）映射为数值，然后利用句子中的词构建数值向量。一个文档可以转换成一组数值向量（涉及一些这里没有讨论过的技术），以便创建一个适合输入 CNN 的数据集。

另一种选择是在与 NLP 相关的任务中使用 RNN 和 LSTM，而不是 CNN。相比之下，双向 Transformer 是 BERT 的基础。

6.7   NLU 与 NLG

NLU（自然语言理解）被认为是一个难题。NLU 与机器翻译、问答和文本分类有关。NLU 试图辨别支离破碎的句子和连续句子的意思，在这之后可以执行某种类型的动作（例如，响应语音查询）。

NLG 涉及文档生成。马尔可夫链（本章稍后讨论）是 NLG 的第一批算法之一。另一种技术采用了 RNN，它可以保留以前的词的一些历史，并计算序列中下一个词的概率。回想一下，RNN 的记忆有限，这限制了可以生成的句子的长度。还有一种技术采用了 LSTM，它可以长时间保持状态，同时也避免了梯度爆炸问题。

大约在 2017 年，谷歌推出了 Transformer，其中包括一组用于处理输入的编码器和一组用于生成句子的解码器。基于 Transformer 的架构比 LSTM 更有效，因为前者只需要少量且数量固定的步骤来应用所谓的自注意力机制，以模拟句子中所有词之间的关系。

事实上，Transformer 有一个重要方面与以前的模型不同：Transformer 使用上下文中所有词的表征，而不是将所有信息压缩成一个固定长度的表征。这种技术使 Transformer 能够处理较长的句子，而不需要很高的计算成本。

Transformer 是 GPT-2（来自 OpenAI）的基础。GPT-2 通过关注先前在模型中看到的并与预测下一个词相关的词来学习预测句子中的下一个词。2018 年，谷歌发布了面向 NLP 的 BERT，BERT 基于具有双向编码器表示的 Transformer。

6.8 什么是强化学习

强化学习是机器学习的一个子集，它试图为与环境交互的智能体找到最大奖励。强化学习适合解决涉及延迟奖励的任务，尤其是延迟奖励大于中间奖励的场景。

事实上，强化学习可以处理包含负奖励、零奖励和正奖励的任务。例如，如果你决定辞去工作以便全职上学，你是在花钱（负奖励），因为你相信时间和金钱投资能够让你胜任薪酬更高的职位（正奖励），这将超过上学的成本和期间损失的收入。

有一件事可能会让你感到惊讶，那就是强化学习智能体很容易受到 GAN 的影响。你可以搜索题为"Attacking Machine Learning with Adversarial Examples"的文章（及相关链接）以找到更多的细节。

6.8.1 强化学习的应用

强化学习的应用有许多，下面列出了其中的一些：
- 博弈论；
- 控制论；
- 运筹学；
- 信息论；
- 基于模拟的优化；
- 多智能体系统；
- 群体智能；
- 统计学和遗传算法；
- 计算机集群中的资源管理；
- 交通灯控制（拥堵问题）；
- 机器人操作；
- 无人驾驶汽车/直升机；
- 网络系统配置/网页索引；
- 个性化推荐；
- 投标和广告；
- 机械腿运动；
- 营销策略选择；
- 工厂控制。

强化学习是面向目标的算法，用于达到复杂的目标，例如赢得涉及多个环节的游戏（如象棋或围棋）。强化学习算法因错误决策而受到惩罚，因正确决策而受到奖励：这种奖励机制是一种强化。

6.8.2　NLP 与强化学习

最近，在 NLP 中应用强化学习已经成为一个研究热点。一种用于 NLP 相关任务的技术采用了基于 RNN 的编码器–解码器模型，该模型对于短的输入和输出序列取得了良好的结果。另一种技术则采用了神经网络、有监督的词预测以及强化学习。这种特殊的组合避免了暴发偏差，暴发偏差可能发生在只使用监督学习的模型中。更多详情请阅读 Paulus 等人的文章 "A Deep Reinforced Model For Abstractive Summarization"。

还有一种技术在 NLP 中采用了深度强化学习。也许你还不知道，深度强化学习在很多领域都取得了成功，比如雅达利游戏、击败李世石（世界围棋冠军）以及机器人技术。此外，深度强化学习还适用于与 NLP 相关的任务，这涉及设计合适模型的关键挑战。你可以通过在线搜索，来了解关于使用强化学习和深度强化学习解决 NLP 相关任务的更多信息。

6.8.3　强化学习中的价值、策略和模型

强化学习有 3 种主要方法：基于价值的强化学习估计最优价值函数 $Q(s, a)$，得到的是任何策略下可达到的最大值；基于策略的强化学习直接搜索最优策略，即实现未来回报最大化的策略；基于模型的强化学习则构建环境模型，并使用该模型（通过前瞻）进行规划。

除了上面介绍的强化学习方法之外，你还需要学习以下强化学习概念：
- 马尔可夫决策过程（Markov Decision Process，MDP）；
- 策略（一系列行动）；
- 状态/价值函数；
- 行动/价值函数；
- 贝尔曼方程（用于计算奖励）。

本章中的强化学习材料仅涉及以下主题：
- 非确定有限自动机（Nondeterministic Finite Automata，NFA）；
- 马尔可夫链；
- MDP（马尔可夫决策过程）；
- epsilon 贪心算法；
- 贝尔曼方程。

注意，几乎所有的强化学习问题可以公式化为马尔可夫决策过程，而马尔可夫决策过程又是基于马尔可夫链的。下面让我们首先来看看 NFA（非确定有限自动机）和马尔可夫链，然后定义马尔可夫决策过程。

6.9 从 NFA 到 MDP

MDP 的基本结构是一个 NFA。NFA 是状态和跃迁的集合，其中的每个状态和跃迁都有相等的概率。NFA 有一个开始状态和一个或多个结束状态。

把概率加到 NFA 的跃迁上，这样任何一个状态的输出跃迁的概率之和就等于 1，结果得到一条马尔可夫链。马尔可夫决策过程就是一条具有多个附加性质的马尔可夫链。

6.9.1 什么是 NFA

NFA（非确定有限自动机）是确定有限自动机的推广。图 6.1 显示了 NFA 的一个例子。

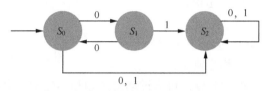

图 6.1 NFA 的一个例子

NFA 使你能够定义从给定状态到其他状态的多个转换。以此类推，考虑绝大多数加油站。它们通常位于两条街道的交叉口，这意味着加油站至少有两个入口。为汽车加完油之后，你可以从同一个入口或另一个入口退出。在某些情况下，你甚至可以从一个入口退出，而后从另一个入口返回加油站，这相当于状态机中状态的循环转换。

6.9.2 什么是马尔可夫链

马尔可夫链是带有附加约束的 NFA：每个状态的输出边的概率之和等于 1。图 6.2 显示了马尔可夫链的一个例子。

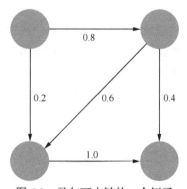

图 6.2 马尔可夫链的一个例子

如图 6.2 所示，马尔可夫链是一个 NFA，因为一个状态可以有多个转换。涉及概率的约束确保了可以在 MDP 中执行统计采样。

6.9.3　马尔可夫决策过程

　　MDP 是一种从复杂分布中采样以推断其属性的方法。更具体地说，MDP 是马尔可夫链的延伸，它涉及附加的行动（允许选择）和奖励（给予动机）。相反，如果每个状态只存在一个动作（如"等待"），并且如果所有奖励都是相同的（如"零"），MDP 就降级为马尔可夫链。图 6.3 显示了 MDP 的一个例子。

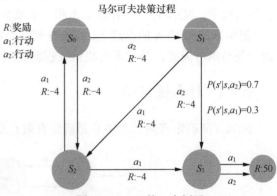

图 6.3　MDP 的一个例子

　　因此，MDP 包含了一组状态和行动，以及从一个状态过渡到另一个状态的规则。这个过程中的一段（如单个"游戏"）将产生有限的状态、行动和奖励序列。MDP 的一个关键属性是，历史不影响未来的决定。换句话说，选择下一个状态的处理过程与到达当前状态前发生的一切事物都是相互独立的。

　　MDP 是一种非确定性搜索问题，可通过动态规划和强化学习来解决，结果的一部分是随机的，另一部分是可控的。几乎所有的强化学习问题可以规划为 MDP，因此，强化学习可以解决无法用贪心算法求解完成的任务。不过，epsilon 贪心算法是一种聪明的算法，它也能解决此类任务。此外，贝尔曼方程使得我们能够计算状态的奖励。

6.10　epsilon 贪心算法

　　在强化学习中，存在如下 3 个基础性问题：

- 探索和利用之间的权衡；
- 延迟奖励（激励分配）问题；
- 泛化需求。

　　"探索"（exploration）指的是尝试一些新的或不同的东西，而"利用"（exploitation）指的是利用现有的知识或信息。例如，去一家自己喜欢的餐馆是"利用"的一个例子（你在利用自己掌握的有关好餐馆的知识），而去一家未曾去过的餐馆就是"探索"的一个例子（你正在探索一个新场所）。一方面，当人们搬到一座新的城市时，他们倾向于探索新城市中的新餐馆；另一方面，这些人从他们目前居住的城市出发，在搬到一座新城市之前，他们倾向于利用自己已有的关于好餐馆的知识。

　　一般来说，探索是指做出随机的选择，利用是指使用贪心算法。epsilon 贪心算法是探索和利用都可以使用的算法，该算法的 epsilon 部分是指进行随机选择，利用部分则采用贪心算法。

　　举个简单的例子，可以通过 epsilon 贪心算法来解决 Open AI Gym[①]中的 N 链环境问题，如图 6.4 所示。

---

① 一个用于开发和比较强化学习算法的工具包。——译者注

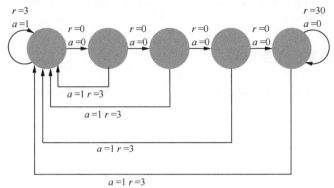

图 6.4　Open AI Gym 中的 N 链环境
（改编自 Sterns 的文章 "A Bayesian Framework for Reinforcement Learning"）

图 6.4 中的每个状态都有两个行动，每个行动都有一个相关的奖励。对于每个状态，它的向前行动奖励为 0，向后行动奖励为 3。贪心算法在任何状态下始终选择较大的奖励，这意味着向后行动总是会被选择。因此，我们永远也无法进入最终状态。事实上，如果坚持使用贪心算法，我们甚至永远无法离开初始状态。

这里有一个关键问题：如何从初始状态抵达最终状态，哪些状态能得到大的奖励？我们需要一种改进的或混合的算法，以便通过中间的低奖励状态抵达高奖励状态。

这种混合算法描述起来很简单：在大约 90% 的时间里坚持使用贪心算法，而在剩余 10% 的时间里随机选择一个状态。这种简单、优雅、有效的算法被称为 epsilon 贪心算法（完整的实现需要额外的细节）。

6.11　贝尔曼方程

贝尔曼方程以理查德·贝尔曼（Richard Bellman）的名字命名，他推导出了这些在强化学习中普遍存在的方程。贝尔曼方程有好几个，其中一个用于状态值函数，另一个用于行动值函数。显示状态值函数的贝尔曼方程为

$$V^{\pi}(s) = E_{\pi}\left[\sum_{k=0}^{\infty}\gamma^{k}r_{t+k+1}\,|\,s_{t}=s\right]$$

其中，给定状态的值取决于未来状态的贴现值。下面的类比可能有助于你理解这个等式中称为 γ 的贴现值的目的。假设你有 100 美元，你以 5% 的年利率投资。一年后你将获得 105（即 $100+5\%\times100=100\times(1+0.05)$）美元，两年后你将获得 110.25（即 $100\times(1+0.05)\times(1+0.05)$）美元，以此类推。

相反，假设你有一个 100 美元的未来价值（年投资率为 5%），这是未来两年的价值，那它的现值是多少？答案就是 100 除以 (1+0.05) 的幂。具体来说，未来两年 100 美元的现值等于 $100\big/\big[(1+0.05)\times(1+0.05)\big]$。

以类似的方式，贝尔曼方程使得我们能够通过计算后续状态的贴现值来计算一个状态的

当前值。贴现因子称为 γ，通常是一个 0.9～0.99 的值。在前面关于 100 美元的例子中，γ 的值为 0.952 3。

强化学习中的其他重要概念

在学习完强化学习中的基本概念后，你还可以继续深入研究下面列出的主题：

* 策略梯度（"最佳"行动的规则）；
* Q 值；
* 蒙特卡洛方法；
* 动态规划；
* 时间差异；
* Q 学习；
* 深度 Q 网络。

有很多在线文章对以上主题做了解释（建议将维基百科作为了解强化学习概念的起点），在你掌握了前面章节中讨论的强化学习概念后，它们便可以更容易地联系在一起。你要准备多花一些时间来学习这些主题，因为其中一些主题在本质上是相当具有挑战性的。

6.12　强化学习工具包和框架

强化学习有许多工具包和框架，它们通常基于 Python、Keras、Torch 或 Java。下面列出了其中的一些。

* OpenAI Gym：一个用于开发和比较强化学习算法的工具包。
* OpenAI Universe：一个软件平台，用于度量和训练游戏、网站及其他应用的 AI 的通用智能水平。
* DeepMind Lab：一个基于智能体的人工智能研究的可定制三维平台。
* rllab：一个用于开发和评估强化学习算法的框架，与 OpenAI Gym 完全兼容。
* TensorForce：TensorFlow 上实用的深度强化学习库，支持 Gitter 并且集成了 OpenAI Gym、OpenAI Universe 和 DeepMind Lab。
* tf-TRFL：一个建立在 TensorFlow 之上的库，它为实现强化学习智能体提供了几个有用的构件。
* OpenAI Lab：一个使用了 OpenAI Gym、TensorFlow 和 Keras 的强化学习体验系统。
* MAgent：多智能体强化学习平台。
* Intel Coach：一个 Python 强化学习研究框架，其中包含许多先进算法的实现。

从上面的列表中可以看出，有相当多可利用的强化学习工具包和框架，请访问它们的主页，以确定其中的哪些拥有能满足你特定要求的功能。

TF-Agents

谷歌在 TensorFlow 中为强化学习开发了 TF-Agents 库。TF-Agents 是开源的，可从 GitHub

下载。

　　强化学习算法的核心元素依托智能体来实现。智能体有两个主要职责：定义与环境交互的策略，以及从收集到的经验中学习/训练策略。TF-Agents 实现了以下算法。

- DQN（Deep Q-Learning，深度 Q 学习）：通过深度强化学习实现人类级别的控制（Mnih 等，2015）。
- DDQN（Double DQN，双重深度 Q 学习）：双重 Q 学习的深度强化学习（Hasselt 等，2015）。
- DDPG（Deep Deterministic Policy Gradient，深度确定性策略梯度）：带有深度强化学习的持续控制（Lillicrap 等，2015）。
- TD3（twin delayed DDPG，双延迟深度确定性策略梯度）：旨在解决演员-评论家算法中的函数逼近错误（Fujimoto 等，2018）。
- REINFORCE：用于连接主义强化学习的简单统计梯度跟踪算法（Williams，1992）。
- PPO（Proximal Policy Optimization，近端策略优化）：Schulman 等，2017。
- SAC（Soft Actor Critic，软演员-评论家）：Haarnoja 等，2018。

在使用 TF-Agents 之前，请首先使用以下命令（pip 或 pip3）安装它的每日构建版本：

```
#--upgrade 标志能够确保你获得最新版本
pip install --user --upgrade tf-nightly
pip install --user --upgrade tf-agents-nightly # requires tf-nightly
```

每个智能体目录下都有训练智能体的端到端示例，DQN 的一个例子如下：

```
tf_agents/agents/dqn/examples/v1/train_eval_gym.py
```

6.13　什么是深度强化学习

　　深度强化学习（Deep Reinforcement Learning，DRL）是深度学习和强化学习令人惊讶的有效结合，在很多任务中都显示出非常好的效果。例如，DRL 赢得了围棋比赛（AlphaGo 对战世界冠军李世石），甚至能够在复杂的《星际争霸》（DeepMind 的 AlphaStar）和 *Dota* 游戏中获胜。

　　随着 ELMo 和 BERT 在 2018 年发布（本章前面已经讨论过），DRL 利用这些工具包在 NLP 方面取得显著的进步。

　　谷歌为 DRL 发布了 Dopamine 工具包，可从 GitHub 网站下载。

　　keras-rl 工具包支持 Keras 中最先进的一些 DRL 算法，这些 DRL 算法是为了与 OpenAI 兼容而设计的。keras-rl 工具包包括以下内容：

- DQN；
- DDQN；
- DDPG；
- CDQN（Continuous DQN）或 NAF（Normalized Advantage Function）；

- CEM（Cross-Entropy Method，交叉熵方法）；
- 决斗网络 DQN（dueling network DQN）；
- 深度 SARSA；
- A3C（Asynchronous Advantage Actor-Critic，异步高级演员-评论家）；
- PPO（Proximal Policy Optimization，最近策略优化）。

keras-rl 工具包可从 GitHub 网站下载。

6.14　总结

在本章中，我们首先向你介绍了 NLP、Keras 中的一些代码示例，以及 NLU 和 NLG。此外，你还学习了 NLP 中的一些基本概念，如 *n*-gram、BoW、TF-IDF 和词嵌入。

然后，我们对强化学习进行了介绍，描述了非常适合强化学习的任务类型。你学习了 *N* 链任务和 epsilon 贪心算法，它们可以解决用纯贪心算法无法解决的问题。你还学习了贝尔曼方程，它是强化学习的基石。

最后，我们向你介绍了来自谷歌的 TF-Agents 库以及深度强化学习。

恭喜！你已经读完本书。本书涵盖了很多机器学习的概念。你学习了 Keras，以及线性回归、逻辑斯谛回归和深度学习。你现在处于一个很好的位置，可以进一步钻研机器学习算法或深度学习，祝你旅途好运！

附录 A Keras 简介

本附录向你介绍 Keras，并附有代码示例，这些代码示例说明了如何使用 MNIST 和 cifar10 数据集定义基础的神经网络以及深度神经网络。

本附录分为 4 部分。本附录的第 1 部分（A.1 节和 A.2 节）简要讨论了一些重要的命名空间（如 tf.keras.layers）及其内容，并创建了一个简单的基于 Keras 的模型（有时简称 Keras 模型）。

本附录的第 2 部分（A.3 节和 A.4 节）提供了一个使用 Keras 和一个简单的 CSV 文件执行线性回归的示例。你还将看到一个在 MNIST 数据集上训练的基于 Keras 的 MLP 神经网络。

本附录的第 3 部分（A.5 节和 A.6 节）提供了一个使用 cifar10 数据集训练神经网络的简单示例。这个示例类似于在 MNIST 数据集上训练神经网络，并且只需要进行非常少的代码更改。在这一部分，你还学习了如何在 Keras 中调整图像大小。

本附录的最后一部分（A.7 节～A.10 节）提供了两个基于 Keras 的模型，它们允许提前停止训练。当模型在训练过程中表现出最小改进（由你指定）时，这种技术很有用。在这一部分，你还学习了 Keras 模型的度量指标，以及如何保存和恢复 Keras 模型。

A.1 什么是 Keras

如果你对 Keras 已经很熟悉，则可以略读本节以了解新的命名空间及其内容，然后继续阅读 A.2 节，其中包含有关创建基于 Keras 的模型的详细信息。

如果你是 Keras 新手，那么你可能想知道为什么本节包含在本附录中。首先，Keras 很好地被集成到了 TF 2 中，它位于 tf.keras 命名空间中。其次，Keras 非常适合定义模型来完成无数的任务，如线性回归和逻辑斯谛回归，以及 CNN、RNN 和 LSTM 等深度学习任务。

接下来的 A.1.1 节～A.1.6 节包含了各种与 Keras 相关的命名空间列表，如果用过 TensorFlow 1.x，你会对它们非常熟悉。

A.1.1 在 TF 2 中使用 Keras 命名空间

TF 2 提供了 tf.keras 命名空间，该命名空间又包含以下命名空间：
- tf.keras.layers；
- tf.keras.models；
- tf.keras.optimizers；
- tf.keras.utils；
- tf.keras.regularizers。

上面的命名空间分别包含 Keras 模型中的各个层、不同类型的 Keras 模型、优化器（Adam 等）、实用程序类以及正则化器（如 L1 正则化器和 L2 正则化器）。

目前有 3 种方法可以创建基于 Keras 的模型：

- 序贯 API；
- 函数式 API；
- 模型 API。

在本书中，基于 Keras 的代码示例主要使用序贯 API（这是最直观和直接的）。序贯 API 使你能够指定层的一个列表，其中的大部分层在 tf.keras.layers 命名空间中可用（稍后讨论）。

使用函数式 API 的基于 Keras 的模型涉及指定层，这些层作为类似函数的元素被传递，方式类似于管道。尽管函数式 API 提供了一些额外的灵活性，但如果是 TF 2 初学者，你可能会使用序贯 API 来定义基于 Keras 的模型。

模型 API 提供了最大的灵活性，涉及定义封装 Keras 模型语义的 Python 类。该 Python 类是 tf.model.Model 类的子类，你必须实现 __init__ 和 call 两个方法才能在该 Python 类中定义 Keras 模型。

你可以通过在线搜索来获取有关函数式 API 和模型 API 的更多详细信息。

A.1.2　使用 tf.keras.layers 命名空间

最常见（也是最简单）的基于 Keras 的模型是 tf.keras.models 命名空间中的 Sequential 类。该模型由属于 tf.keras.layers 命名空间的各个层组成，如下所示：

- tf.keras.layers.Conv2D；
- tf.keras.layers.MaxPooling2D；
- tf.keras.layers.Flatten；
- tf.keras.layers.Dense；
- tf.keras.layers.Dropout；
- tf.keras.layers.BatchNormalization；
- tf.keras.layers.embedding；
- tf.keras.layers.RNN；
- tf.keras.layers.LSTM；
- tf.keras.layers.Bidirectional（如 BERT）。

Conv2D 和 MaxPooling2D 类用于基于 Keras 的 CNN 模型，这在第 5 章已经讨论过。一般来说，上述列表中的 Flatten、Dense、Dropout、BatchNormalization 和 embedding 类可以出现在 CNN 模型和机器学习模型中。RNN 类用于简单的 RNN，LSTM 类用于基于 LSTM 的模型。Bidirectional 类是一个双向 LSTM，你会经常在解决自然语言处理任务的模型中看到它。2018 年，两个非常重要的使用双向 LSTM 的 NLP 开源框架被发布：Facebook 的 ELMo 和 Google 的 BERT。

A.1.3　使用 tf.keras.activations 命名空间

机器学习模型和深度学习模型需要激活函数。对于基于 Keras 的模型，激活函数

位于 `tf.keras.activations` 命名空间中，其中一些如下所示：
- `tf.keras.activations.relu`；
- `tf.keras.activations.selu`；
- `tf.keras.activations.linear`；
- `tf.keras.activations.elu`；
- `tf.keras.activations.sigmoid`；
- `tf.keras.activations.softmax`；
- `tf.keras.activations.softplus`；
- `tf.keras.activations.tanh`。

ReLU、SELU 和 ELU 激活函数是密切相关的，它们经常出现在 ANN 和 CNN 中。在 `relu()` 函数流行之前，`sigmoid()` 和 `tanh()` 函数被用于 ANN 和 CNN。不过，之后它们仍然很重要，被用在 GRU 和 LSTM 的各种门中。`softmax()` 函数通常用于连接最右边的隐藏层和输出层。

A.1.4　使用 tf.keras.datasets 命名空间

为方便起见，TF 2 在 `tf.keras.datasets` 命名空间中提供了一组内置数据集，其中一些如下所示：
- `tf.keras.datasets.boston_housing`；
- `tf.keras.datasets.cifar10`；
- `tf.keras.datasets.cifar100`；
- `tf.keras.datasets.fashion_mnist`；
- `tf.keras.datasets.imdb`；
- `tf.keras.datasets.mnist`；
- `tf.keras.datasets.reuters`。

上述数据集适用于小规模的模型训练。`mnist` 数据集和 `fashion_mnist` 数据集在训练 CNN 时很受欢迎，`boston_housing` 数据集在线性回归中很受欢迎。Titanic 数据集也很流行，主要用于线性回归，但是它目前不支持作为 `tf.keras.datasets` 命名空间中的默认数据集。

A.1.5　使用 tf.keras.experimental 命名空间

TensorFlow 1.x 中的 `contrib` 命名空间在 TF 2 中已被弃用，它的后继者是 `tf.keras.experimental` 命名空间，其中包含以下类（以及其他类）：
- `tf.keras.experimental.CosineDecay`；
- `tf.keras.experimental.CosineDecayRestarts`；
- `tf.keras.experimental.LinearCosineDecay`；
- `tf.keras.experimental.NoisyLinearCosineDecay`；
- `tf.keras.experimental.PeepholeLSTMCell`。

如果是初学者，你可能不会使用上述列表中的任何类。尽管 `PeepholeLSTMCell` 类是 LSTM 的变体，但这个类的用例十分有限。

A.1.6 使用 tf.keras 中的其他命名空间

TF 2 提供了许多包含有用类的命名空间，其中一些如下所示：

- `tf.keras.callbacks`；
- `tf.keras.optimizers`；
- `tf.keras.regularizers`；
- `tf.keras.utils`。

`tf.keras.callbacks` 命名空间包含一个可用于提前停止的类。也就是说，如果在两次连续迭代中，成本函数的减少不足，则可以终止训练过程。

`tf.keras.optimizers` 命名空间包含可与成本函数结合使用的各种优化器，比如 Adam 优化器。

`tf.keras.regularizers` 命名空间包含两个流行的正则化器：$L1$ 正则化器（在机器学习中也称为 LASSO）和 $L2$ 正则化器（在机器学习中也称为 Ridge 正则化器）。$L1$ 正则化器用于 MAE（平均绝对误差），$L2$ 正则化器用于 MSE（均方误差）。这两个正则化器都充当"惩罚"项，被添加到所选的成本函数中，以减少机器学习模型中特征的影响。请注意，LASSO 可以将值驱动为零，结果实际上从模型中消除了特征，因此与机器学习中所谓的特征选择有关。

`tf.keras.utils` 命名空间包含各种函数，包括用于将类向量转换为二进制类的 `to_categorical()` 函数。

尽管 TF 2 中还有其他命名空间，但如果你是 TF 2 和机器学习的初学者，那么前面列出的类足以满足你的大部分需要。

A.1.7 TF 2 Keras 与"独立" Keras

最早的 Keras 其实是一个规范，有 TensorFlow、Theano、CNTK 等各种后端框架。目前，独立 Keras 不支持 TF 2，而 `tf.keras` 中的 Keras 实现已针对性能进行了优化。

独立 Keras 将永久存在于 `keras.io` 包中，这在 Keras 网站上有详细说明。

现在，你对 Keras 的 TF 2 命名空间及其内容有了一个高层次的了解，下面让我们学习如何创建基于 Keras 的模型，这是 A.2 节的主题。

A.2 创建基于 Keras 的模型

以下列表描述了创建、训练和测试基于 Keras 的模型所涉及的高层次步骤。

步骤 1：确定模型架构（隐藏层的数量、各种激活函数等）。

步骤 2：调用 `compile()` 方法。

步骤 3：调用 `fit()` 方法以训练模型。

步骤 4：调用 `evaluate()` 方法以评估经过训练的模型。

步骤 5：调用 `predict()` 方法以进行预测。

步骤 1 涉及确定许多超参数的值，包括：

- 隐藏层的数量；
- 每个隐藏层中神经元的数量；
- 边权重的初始值；
- 成本函数；
- 优化器；
- 学习率；
- 丢弃率；
- 激活函数。

步骤 2～步骤 4 涉及训练数据，而步骤 5 涉及测试数据，它们包含在以下更详细的步骤序列中：

- 指定数据集（如有必要，将数据转换为数值数据）；
- 将数据集拆分为训练数据集和测试数据集（通常按照 80/20 的比例进行拆分）；
- 定义 Keras 模型（如 tf.keras.models.Sequential() API）；
- 编译 Keras 模型（compile() API）；
- 训练（拟合）Keras 模型（fit() API）；
- 进行预测（prediction() API）。

请注意，上面的步骤序列跳过了真正的创建 Keras 模型的一些步骤，例如根据测试数据评估 Keras 模型，以及处理过拟合等问题。

第一个步骤表示你需要一个数据集，它可以像一个包含 100 行数据和每行 3 列（甚至更少列）的 CSV 文件那样简单。

一般来说，数据集要大得多，它可能是一个包含 1 000 000 行数据和每行 10 000 列的文件。我们将在后续章节中查看具体的数据集。

接下来，一个 Keras 模型被定义在 tf.keras.models 命名空间中。最简单（也最常见）的 Keras 模型是 tf.keras.models.Sequential。一般来说，一个 Keras 模型包含 tf.keras.layers 命名空间中的层，比如 tf.keras.Dense（这意味着两个相邻的层是全连接层）。

Keras 层中引用的激活函数位于 tf.nn 命名空间中，例如 ReLU 激活函数的 tf.nn.ReLU。

以下是前面段落中描述的 Keras 模型的代码块（涵盖了前 3 个步骤）：

```
import tensorflow as tf
model = tf.keras.models.Sequential([tf.keras.layers.Dense(512, activation=tf.nn.relu),])
```

从编译步骤开始，我们还有 3 个细节需要讨论。Keras 为这一步提供了 compile() API，示例如下：

```
model.compile(optimizer='adam',
              loss='sparse_categorical_crossentropy',
              metrics=['accuracy'])
```

接下来需要指定训练步骤，Keras 提供了 fit() API，示例如下：

```
model.fit(x_train, y_train, epochs=5)
```

最后一步是通过 predict() API 进行预测，示例如下：

```
pred = model.predict(x)
```

请记住，evaluate() 方法用于评估经过训练的模型，该方法的输出是准确率或损失值。predict() 方法用于根据输入数据进行预测。

清单 A.1 显示了 tf2_basic_keras.py 的内容，它将前面步骤中的代码块组合成了一个代码示例。

清单 A.1　tf2_basic_keras.py

```
import tensorflow as tf

# 注意，我们需要训练数据和测试数据

model = tf.keras.models.Sequential([tf.keras.layers.Dense(1, activation=tf.nn.relu),])

model.compile(optimizer='adam',loss='sparse_categorical_crossentropy',metrics=['accuracy'])

model.fit(x_train, y_train, epochs=5)
model.evaluate(x_test, y_test)
```

清单 A.1 没有包含新代码，我们基本上跳过了对一些术语的解释，例如优化器（一种与损失函数结合使用的算法）、损失（损失函数的类型）和度量（用于评估模型的有效性）。

这些术语的细节解释无法浓缩成几段文字，好消息是，你可以找到大量讨论这些术语的在线文章。

A.3　Keras 和线性回归

本节提供了一个演示如何创建基于 Keras 的模型的简单示例，以解决如下线性回归任务：给定一个表示面食重量（此处指质量，以千克为单位，恒为正值）的数，预测相应的价格。清单 A.2 显示了 pasta.csv 的内容，清单 A.3 显示了执行此任务的 keras_pasta.py 的内容。

清单 A.2　pasta.csv

```
weight,price
5,30
10,45
15,70
20,80
25,105
30,120
35,130
40,140
50,150
```

清单 A.3　keras_pasta.py

```
import tensorflow as tf
import numpy as np
import pandas as pd
import matplotlib.pyplot as plt

#每千克面食的价格
df = pd.read_csv("pasta.csv")

weight = df['weight']
price = df['price']

model = tf.keras.models.Sequential([tf.keras.layers.Dense(units=1,input_shape=[1])])
```

```
# MSE 损失函数和 Adam 优化器
model.compile(loss='mean_squared_error',optimizer=tf.keras.optimizers.Adam(0.1))

#训练模型
history = model.fit(weight, price, epochs=100,verbose=False)

# 绘制周期数与损失值的关系图
plt.xlabel('Number of Epochs')
plt.ylabel("Loss Values")
plt.plot(history.history['loss'])
plt.show()

print("Cost for 11kg:",model.predict([11.0]))
print("Cost for 45kg:",model.predict([45.0]))
```

清单 A.3 使用 CSV 文件 pasta.csv 的内容初始化 pandas 数据帧 df，然后分别使用 df 的第一列和第二列初始化变量 weight 和 cost。

清单 A.3 的下一部分定义了一个基于 Keras 的模型，该模型由单个稠密层组成。编译和训练这个模型，然后显示一个图表，在横轴上显示周期数，在纵轴上显示损失函数的相应值。执行清单 A.3 中的代码，你将看到以下输出：

```
Cost for 11kg: [[41.727108]]
Cost for 45kg: [[159.02121]]
```

图 A.1 显示了训练过程中周期数与损失值的关系。

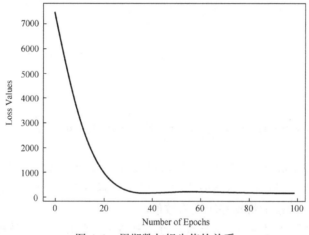

图 A.1　周期数与损失值的关系

A.4　Keras、MLP 和 MNIST 数据集

本节提供了一个演示如何创建基于 Keras 的 MLP 神经网络的简单示例，这个 MLP 神经网络将使用 MNIST 数据集进行训练。清单 A.4 显示了执行此任务的 keras_mlp_mnist.py 的内容。

清单 A.4　keras_mlp_mnist.py

```
import tensorflow as tf
import numpy as np

# 实例化 mnist 并加载数据
mnist = tf.keras.datasets.mnist
```

```
(x_train, y_train), (x_test, y_test) = mnist.load_data()

# 对所有标签进行独热编码以创建与最后一层做比较的 1×10 向量
y_train = tf.keras.utils.to_categorical(y_train)
y_test = tf.keras.utils.to_categorical(y_test)

image_size = x_train.shape[1]
input_size = image_size * image_size

# 调整图像的大小并标准化为 28×28 像素大小
x_train = np.reshape(x_train, [-1, input_size])
x_train = x_train.astype('float32') / 255
x_test = np.reshape(x_test, [-1, input_size])
x_test = x_test.astype('float32') / 255

# 初始化一些超参数
batch_size = 128
hidden_units = 256
dropout_rate = 0.20

# 定义一个基于 Keras 的模型
model = tf.keras.models.Sequential()
model.add(tf.keras.layers.Dense(hidden_units,input_dim=input_size))
model.add(tf.keras.layers.Activation('relu'))
model.add(tf.keras.layers.Dropout(dropout_rate))
model.add(tf.keras.layers.Dense(hidden_units))
model.add(tf.keras.layers.Activation('relu'))
model.add(tf.keras.layers.Dense(10))
model.add(tf.keras.layers.Activation('softmax'))

model.summary()

model.compile(loss='categorical_crossentropy',optimizer='adam',metrics=['accuracy'])

# 在训练数据上训练网络
model.fit(x_train, y_train, epochs=10, batch_size=batch_size)

# 计算并显示准确率
loss, acc = model.evaluate(x_test, y_test, batch_size=batch_size)
print("\nTest accuracy: %.1f%%" % (100.0 * acc))
```

清单 A.4 从一些 import 语句开始，然后将变量 mnist 初始化为对 MNIST 数据集的引用。清单 A.4 的下一部分包含一些典型的代码，这些代码旨在填充训练数据集和测试数据集，并通过名为独热编码的技术将标签转换为数值。

接下来，初始化几个超参数，并定义一个基于 Keras 的模型，为该模型指定 3 个稠密层和 ReLU 激活函数。对模型进行编译和训练，然后计算并显示模型在测试数据集上的准确率。执行清单 A.4 中的代码，你将看到以下输出：

```
Model: "sequential"
```

Layer (type)	Output Shape	Param #
dense (Dense)	(None, 256)	200960
activation (Activation)	(None, 256)	0
dropout (Dropout)	(None, 256)	0
dense_1 (Dense)	(None, 256)	65792
activation_1 (Activation)	(None, 256)	0
dropout_1 (Dropout)	(None, 256)	0
dense_2 (Dense)	(None, 10)	2570
activation_2 (Activation)	(None, 10)	0

```
Total params: 269,322
Trainable params: 269,322
Non-trainable params: 0


Train on 60000 samples
Epoch 1/10
60000/60000 [==============================] - 4s
   74us/sample - loss: 0.4281 - accuracy: 0.8683
Epoch 2/10
60000/60000 [==============================] - 4s
   66us/sample - loss: 0.1967 - accuracy: 0.9417
Epoch 3/10
60000/60000 [==============================] - 4s
   63us/sample - loss: 0.1507 - accuracy: 0.9547
Epoch 4/10
60000/60000 [==============================] - 4s
   63us/sample - loss: 0.1298 - accuracy: 0.9600
Epoch 5/10
60000/60000 [==============================] - 4s
   60us/sample - loss: 0.1141 - accuracy: 0.9651
Epoch 6/10
60000/60000 [==============================] - 4s
   66us/sample - loss: 0.1037 - accuracy: 0.9677
Epoch 7/10
60000/60000 [==============================] - 4s
   61us/sample - loss: 0.0940 - accuracy: 0.9702
Epoch 8/10
60000/60000 [==============================] - 4s
   61us/sample - loss: 0.0897 - accuracy: 0.9718
Epoch 9/10
60000/60000 [==============================] - 4s
62us/sample - loss: 0.0830 - accuracy: 0.9747
Epoch 10/10
60000/60000 [==============================] - 4s
   64us/sample - loss: 0.0805 - accuracy: 0.9748
10000/10000 [==============================] - 0s
     39us/sample - loss: 0.0654 - accuracy: 0.9797


Test accuracy: 98.0%
```

A.5 Keras、CNN 和 cifar10 数据集

本节提供了一个使用 cifar10 数据集训练神经网络的简单示例。该例类似于在 MNIST 数据集上训练神经网络——只需要进行很少的代码改动。

请记住，MNIST 数据集中的图像的大小为 28×28 像素，而 cifar10 数据集中的图像的大小为 32×32 像素。始终确保图像在数据集中具有相同的维度，否则结果可能无法预测。

注意，你必须确保数据集中的图像具有相同的大小。

清单 A.5 显示了使用 cifar10 数据集训练 CNN 的 keras_cnn_cifar10.py 的内容。

清单 A.5   keras_cnn_cifar10.py

```
import tensorflow as tf

batch_size = 32
num_classes = 10
epochs = 100
```

```
num_predictions = 20

cifar10 = tf.keras.datasets.cifar10

# 将数据集拆分为训练数据集和测试数据集
(x_train, y_train), (x_test, y_test) = cifar10.load_data()
print('x_train shape:', x_train.shape)
print(x_train.shape[0], 'train samples')
print(x_test.shape[0], 'test samples')

# 将类向量转换为二元类矩阵
y_train = tf.keras.utils.to_categorical(y_train, num_classes)
y_test = tf.keras.utils.to_categorical(y_test, num_classes)

model = tf.keras.models.Sequential()
model.add(tf.keras.layers.Conv2D(32, (3, 3), padding='same',
            input_shape=x_train.shape[1:]))
model.add(tf.keras.layers.Activation('relu'))
model.add(tf.keras.layers.Conv2D(32, (3, 3)))
model.add(tf.keras.layers.Activation('relu'))
model.add(tf.keras.layers.MaxPooling2D(pool_size=(2, 2)))
model.add(tf.keras.layers.Dropout(0.25))

# 你也可以在这里复制前面的代码块

model.add(tf.keras.layers.Flatten())
model.add(tf.keras.layers.Dense(512))
model.add(tf.keras.layers.Activation('relu'))
model.add(tf.keras.layers.Dropout(0.5))
model.add(tf.keras.layers.Dense(num_classes))
model.add(tf.keras.layers.Activation('softmax'))

# 使用 RMSprop 优化器训练模型
opt = tf.keras.optimizers.RMSprop(learning_rate=0.1)
model.compile(loss='categorical_crossentropy',optimizer=opt,  metrics=['accuracy'])

x_train = x_train.astype('float32')
x_test = x_test.astype('float32')
x_train /= 255
x_test /= 255

model.fit(x_train, y_train,  batch_size=batch_size,
    epochs=epochs,validation_data=(x_test, y_test),shuffle=True)

# 评估并显示测试结果
scores = model.evaluate(x_test, y_test, verbose=1)
print('Test loss:', scores[0])
print('Test accuracy:', scores[1])
```

清单 A.5 从一些 import 语句开始，然后将变量 cifar10 初始化为对 cifar10 数据集的引用。清单 A.5 的下一部分类似于清单 A.4 的内容，主要区别在于，这个基于 Keras 的模型定义了 CNN 而不是 MLP。因此，第一层是卷积层，如下所示：

```
model.add(tf.keras.layers.Conv2D(32, (3, 3), padding='same',input_shape=x_train.shape[1:]))
```

请注意，普通 CNN 涉及一个卷积层，然后是 ReLU 激活函数和一个最大池化层，它们都已经显示在清单 A.5 中。此外，模型的最后一层是 Softmax 激活函数，它将全连接层中的 10 个数值转换成了 10 个 0~1 的非负数，这 10 个非负数的和等于 1（这给了我们一个概率分布）。

对模型进行编译和训练，然后在测试数据集上对模型进行评估。清单 A.5 的最后一部分显示了与测试相关的损失值和准确率，这两个值都是在前面的评估步骤中计算出来的。执行清单

A.5 中的代码，你将看到以下输出（请注意，在部分完成第二个周期后，代码被停止执行）：

```
x_train shape: (50000, 32, 32, 3)
50000 train samples
10000 test samples
Epoch 1/100
50000/50000 [==============================] - 285s 6ms/sample - loss: 1.7187 - accuracy:
    0.3802 - val_loss: 1.4294 - val_accuracy: 0.4926
Epoch 2/100
 1888/50000 [>.............................] - ETA: 4:39 - loss: 1.4722 - accuracy: 0.4635
```

A.6　在 Keras 中调整图像大小

清单 A.6 显示了 keras_resize_image.py 的内容，说明了如何在 Keras 中调整图像大小。

清单 A.6　keras_resize_image.py

```python
import tensorflow as tf
import numpy as np
import imageio
import matplotlib.pyplot as plt

# 使用任何有 3 个通道的图像
inp = tf.keras.layers.Input(shape=(None, None, 3))
out = tf.keras.layers.Lambda(lambda image: tf.image.resize(image, (128, 128)))(inp)

model = tf.keras.Model(inputs=inp, outputs=out)
model.summary()

# 读取 PNG 或 JPG 图像的内容
X = imageio.imread('sample3.png')

out = model.predict(X[np.newaxis, ...])

fig, axes = plt.subplots(nrows=1, ncols=2)
axes[0].imshow(X)
axes[1].imshow(np.int8(out[0,...]))

plt.show()
```

清单 A.6 从一些 import 语句开始，然后初始化变量 inp 以使它可以容纳彩色图像，并初始化变量 out 以容纳图像调整大小后的结果。接下来，inp 和 out 分别被指定为 Keras 模型的 inputs 和 outputs 值，如下所示：

```python
model = tf.keras.Model(inputs=inp, outputs=out)
```

接下来，变量 X 被初始化为对读取图像 sample3.png 内容的结果的引用。清单 A.6 的其余部分涉及显示两幅图像：原始图像及调整大小后的图像。执行清单 A.6 中的代码，你将看到这两幅图像，如图 A.2 所示。

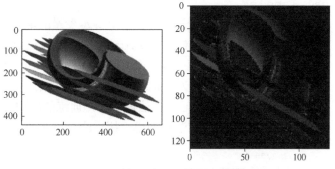

图 A.2　原始图像及调整大小后的图像

A.7　Keras 和提前停止（1）

在将数据集划分为训练数据集和测试数据集后，你还可以决定训练的周期数。过大的值会导致过拟合，而过小的值会导致欠拟合。此外，模型的性能改进可能会慢慢减弱，使得随后的训练迭代变得多余。

提前停止是一种技术，它允许你为训练的周期数指定一个较大的值。但如果模型的性能改进下降到阈值以下，则训练将停止。

有几种方法可以指定提前停止，它们涉及回调函数的概念。清单 A.7 显示了通过回调机制执行提前停止的 `tf2_keras_callback.py` 的内容。

清单 A.7　tf2_keras_callback.py

```
import tensorflow as tf
import numpy as np

model = tf.keras.Sequential()
model.add(tf.keras.layers.Dense(64, activation ='relu'))
model.add(tf.keras.layers.Dense(64, activation ='relu'))
model.add(tf.keras.layers.Dense(10, activation ='softmax'))
model.compile(optimizer=tf.keras.optimizers.Adam(0.01),
              loss='mse',          # 均方误差
              metrics=['mae'])     # 平均绝对误差
data   = np.random.random((1000, 32))
labels = np.random.random((1000, 10))

val_data   = np.random.random((100, 32))
val_labels = np.random.random((100, 10))

callbacks = [
  # 如果 val_loss 停止改进超过两个周期，则停止训练
  tf.keras.callbacks.EarlyStopping(patience=2,monitor='val_loss'),
  # 将 TensorBoard 日志写入./logs 目录
  tf.keras.callbacks.TensorBoard(log_dir='./logs')
]
model.fit(data, labels, batch_size=32, epochs=50, callbacks=callbacks,
          validation_data=(val_data, val_labels))
model.evaluate(data, labels, batch_size=32)
```

清单 A.7 定义了一个具有 3 个隐藏层的基于 Keras 的模型，然后编译该模型。清单 A.7 的下一部分使用 `np.random.random` 函数来初始化变量 data、labels、val_data 和 val_labels。

清单 A.7 的下一部分涉及 callbacks 变量的定义，该变量将 2 指定给了 patience。callbacks 变量包括了 `tf.keras.callbacks.EarlyStopping` 类，这意味着如果 val_loss 的值未下降到指定值，模型将停止训练。callbacks 变量还包括 `tf.keras.callbacks.TensorBoard` 类，以便为 TensorBoard 文件指定日志子目录的位置。

接下来，`model.fit()` 方法被调用，训练的周期数为 50（代码中以粗体显示）。最后，`model.evaluate()` 方法被调用。执行清单 A.7 中的代码，你将看到以下输出：

```
Epoch 1/50
1000/1000 [==============================] - 0s
```

```
   354us/sample - loss: 0.2452 - mae: 0.4127 - val_ loss: 0.2517 - val_mae: 0.4205
Epoch 2/50
1000/1000 [==============================] - 0s
   63us/sample - loss: 0.2447 - mae: 0.4125 - val_ loss: 0.2515 - val_mae: 0.4204
Epoch 3/50
1000/1000 [==============================] - 0s
   63us/sample - loss: 0.2445 - mae: 0.4124 - val_ loss: 0.2520 - val_mae: 0.4209
Epoch 4/50
1000/1000 [==============================] - 0s
   68us/sample - loss: 0.2444 - mae: 0.4123 - val_loss: 0.2519 - val_mae: 0.4205
1000/1000 [==============================] - 0s
   37us/sample - loss: 0.2437 - mae: 0.4119
(1000, 10)
```

请注意，模型在 4 个周期后停止了训练，即使代码中指定了 50 个周期。

A.8　Keras 和提前停止（2）

A.7 节提供了一个关于在 Keras 中使用回调函数的具有简约功能的代码示例。但是，你也可以自定义一个类，并使该类提供使用回调机制的更细粒度的功能。

清单 A.8 显示了通过回调机制执行提前停止的 `tf2_keras_callback2.py` 的内容（新代码以粗体显示）。

清单 A.8　tf2_keras_callback2.py

```python
import tensorflow as tf
import numpy as np

model = tf.keras.Sequential()
model.add( tf.keras.layers.Dense(64, activation ='relu'))
model.add( tf.keras.layers.Dense(64, activation ='relu'))
model.add( tf.keras.layers.Dense(10, activation ='softmax'))

model.compile(optimizer=tf.keras.optimizers.Adam(0.01),
              loss='mse',          # 均方误差
              metrics=['mae'])     # 平均绝对误差

data     = np.random.random((1000, 32))
labels = np.random.random((1000, 10))

val_data   = np.random.random((100, 32))
val_labels = np.random.random((100, 10))

class MyCallback(tf.keras.callbacks.Callback):
  def on_train_begin(self, logs={}):
    print("on_train_begin")

  def on_train_end(self, logs={}):
    print("on_train_begin")
    return

  def on_epoch_begin(self, epoch, logs={}):
    print("on_train_begin")
    return

  def on_epoch_end(self, epoch, logs={}):
    print("on_epoch_end")
    return
```

```
  def on_batch_begin(self, batch, logs={}):
    print("on_batch_begin")
    return

  def on_batch_end(self, batch, logs={}):
    print("on_batch_end")
    return

callbacks = [MyCallback()]

model.fit( data, labels, batch_size=32, epochs=50,  callbacks=callbacks,
        validation_data=(val_data, val_labels))

model.evaluate(data, labels, batch_size=32)
```

新代码定义了一个带有 6 个方法的自定义 Python 类,其中的每个方法都会在 Keras 生命周期执行期间的适当时间点被调用。这 6 个方法可以分为 3 对,分别用于与训练、周期和批次相关的开始事件和结束事件,如下所示:

- def on_train_begin();
- def on_train_end();
- def on_epoch_begin();
- def on_epoch_end();
- def on_batch_begin();
- def on_batch_end()。

上面的 6 个方法都只包含一条 print 语句,你可以在这 6 个方法中的任何一个方法中插入自己希望的任何代码。执行清单 A.8 中的代码,你将看到以下输出:

```
on_train_begin
on_train_begin
Epoch 1/50
on_batch_begin
on_batch_end
  32/1000 [..........................] - ETA:
  4s - loss: 0.2489 - mae: 0.4170on_batch_begin
on_batch_end
on_batch_begin on_batch_end
// 这里为了简化而省略了细节
on_batch_begin
on_batch_end
on_batch_begin
on_batch_end
 992/1000 [===========================>.] - ETA: 0s
  -  loss: 0.2468 - mae: 0.4138on_batch_begin
on_batch_end
on_epoch_end
1000/1000 [===========================] - 0s
  335us/sample - loss: 0.2466 - mae: 0.4136 - val_ loss: 0.2445 - val_mae: 0.4126
on_train_begin
Epoch 2/50
on_batch_begin
on_batch_end
  32/1000 [..........................] - ETA: 0s
  -  loss: 0.2465 - mae: 0.4133on_batch_begin
on_batch_end
on_batch_begin
on_batch_end
// 这里为了简化而省略了细节
on_batch_end
```

```
on_epoch_end
1000/1000 [==============================] - 0s
   51us/sample - loss: 0.2328 - mae: 0.4084 - val_ loss: 0.2579 - val_mae: 0.4241
on_train_begin
  32/1000 [.............................] - ETA: 0s
  -   loss: 0.2295 - mae: 0.4030
1000/1000 [==============================] - 0s
   22us/sample - loss: 0.2313 - mae: 0.4077
(1000, 10)
```

A.9 Keras 模型的度量指标

许多基于 Keras 的模型（简称 Keras 模型）仅指定准确率作为评估训练模型的指标，如下所示：

```
model.compile(optimizer='adam',
              loss='sparse_categorical_crossentropy',
              metrics=['accuracy'])
```

但是，还有许多其他内置指标可用，每个指标都封装在 tf.keras.metrics 命名空间的 Keras 类中。以下列表中显示了许多此类指标。

- Accuracy 类：预测与标签匹配的频率。
- BinaryAccuracy 类：预测与标签匹配的频率。
- CategoricalAccuracy 类：预测与标签匹配的频率。
- FalseNegatives 类：假阴性的数量。
- FalsePositives 类：假阳性的数量。
- Mean 类：给定值的（加权）均值。
- Precision 类：对比标签预测的精确率。
- Recall 类：对比标签预测的召回率。
- TrueNegatives 类：真阴性的数量。
- TruePositives 类：真阳性的数量。

你在之前的内容中了解了为 TP、TN、FP 和 FN 提供数值的混淆矩阵，其中的每一个数值都有相应的 Keras 类——TruePositive、TrueNegative、FalsePositive 和 FalseNegative。请在线搜索使用了上述列表中的指标的代码示例。

A.10 保存和恢复 Keras 模型

清单 A.9 显示了 tf2_keras_save_model.py 的内容，它创建、训练和保存了一个基于 Keras 的模型，然后创建了一个新模型，并用来自前一个模型的数据进行填充。

清单 A.9 tf2_keras_save_model.py

```python
import tensorflow as tf
import os

def create_model():
```

```
    model = tf.keras.models.Sequential([
        tf.keras.layers.Flatten(input_shape=(28, 28)),
        tf.keras.layers.Dense(512, activation=tf.nn.relu),
        tf.keras.layers.Dropout(0.2),
        tf.keras.layers.Dense(10, activation=tf.nn.softmax)
    ])

    model.compile(optimizer=tf.keras.optimizers.Adam(),
             loss=tf.keras.losses.sparse_categorical_crossentropy,
             metrics=['accuracy'])
    return model

# 创建一个模型实例
model = create_model()
model.summary()

checkpoint_path = "checkpoint/cp.ckpt"
checkpoint_dir = os.path.dirname(checkpoint_path)

# 创建检查点回调
cp_callback = tf.keras.callbacks.ModelCheckpoint(checkpoint_path,
             save_weights_only=True, verbose=1)

# => 模型 1：创建第一个模型
model = create_model()

mnist = tf.keras.datasets.mnist
(X_train, y_train),(X_test, y_test) = mnist.load_data()

X_train, X_test = X_train / 255.0, X_test / 255.0
print("X_train.shape:",X_train.shape)

model.fit(X_train, y_train, epochs = 2,
         validation_data = (X_test,y_test),
         callbacks = [cp_callback]) # pass callback to training
# => 模型 2：创建一个新模型并加载之前保存的模型
model = create_model()
loss, acc = model.evaluate(X_test, y_test)
print("Untrained model, accuracy: {:5.2f}%".format(100*acc))

model.load_weights(checkpoint_path)
loss,acc = model.evaluate(X_test, y_test)
print("Restored model, accuracy: {:5.2f}%".format(100*acc))
```

清单 A.9 从 Python 函数 create_model() 开始，该函数用于创建和编译基于 Keras 的模型。清单 A.9 的下一部分定义了将被保存的文件的位置以及检查点回调，如下所示：

```
checkpoint_path = "checkpoint/cp.ckpt"
checkpoint_dir = os.path.dirname(checkpoint_path)

# 创建检查点回调
cp_callback = tf.keras.callbacks.ModelCheckpoint(checkpoint_path, save_weights_only=True, verbose=1)
```

清单 A.9 的下一部分使用 MNIST 数据集训练当前模型，并指定 cp_callback 以便可以保存模型。

清单 A.9 的最后一部分通过再次调用 Python 方法 create_model()，创建了一个新的基于 Keras 的模型，在相关测试数据上评估这个新模型，并显示准确率。接下来，通过 load_weights() API，使用保存的模型权重加载模型。相关代码如下：

```
model = create_model()
loss, acc = model.evaluate(X_test, y_test)
print("Untrained model, accuracy: {:5.2f}%".format(100*acc))

model.load_weights(checkpoint_path)
```

```
loss,acc = model.evaluate(X_test, y_test)
print("Restored model, accuracy: {:5.2f}%".format(100*acc))
```

执行清单 A.9 中的代码, 你将看到以下输出:

```
on_train_begin
Model: "sequential"
_____
Layer (type)                 Output Shape              Param #
=================================================================
flatten (Flatten)            (None, 784)               0
_____
dense (Dense)                (None, 512)               401920
_____
dropout (Dropout)            (None, 512)               0
_____
dense_1 (Dense)              (None, 10)                5130
=================================================================
Total params: 407,050
Trainable params: 407,050
Non-trainable params: 0

Train on 60000 samples, validate on 10000 samples
Epoch 1/2
59840/60000 [============================>.] - ETA:
    0s - loss: 0.2173 - accuracy: 0.9351
Epoch 00001: saving model to checkpoint/cp.ckpt
60000/60000 [==============================] - 10s
    168us/sample - loss: 0.2170 - accuracy: 0.9352 - val_loss: 0.0980 - val_accuracy: 0.9696
Epoch 2/2
59936/60000 [============================>.] - ETA:
    0s - loss: 0.0960 - accuracy: 0.9707
Epoch 00002: saving model to checkpoint/cp.ckpt
60000/60000 [==============================] - 10s
    174us/sample - loss: 0.0959 - accuracy: 0.9707 - val_loss: 0.0735 - val_accuracy: 0.9761
10000/10000 [==============================] - 1s
    86us/sample - loss: 2.3986 - accuracy: 0.0777
Untrained model, accuracy:  7.77%
10000/10000 [==============================] - 1s
    67us/sample - loss: 0.0735 - accuracy: 0.9761
Restored model, accuracy: 97.61%
```

此时, 这个代码示例所在的目录中将出现一个新的名为 checkpoint 的子目录, 其中的内容如下所示:

```
-rw-r--r-- 1 owner staff 1222 Aug 17 14:34 cp.ckpt.index
-rw-r--r-- 1 owner staff 4886716 Aug 17 14:34 cp.ckpt.data-00000-of-00001
-rw-r--r-- 1 owner staff 71 Aug 17 14:34 checkpoint
```

A.11 总结

本附录向你介绍了 Keras 的一些功能以及各种基于 Keras 的代码示例, 这些代码示例涵盖了使用 MNIST 和 cifar10 数据集的简单神经网络。你还了解了一些重要的命名空间(如 tf.keras.layers)及其内容。

接下来, 你看到了使用 Keras 和一个简单的 CSV 文件执行线性回归的示例, 并学习了如何创建基于 Keras 的 MLP 神经网络, 该 MLP 神经网络是在 MNIST 数据集上进行训练的。

此外, 你还看到了基于 Keras 的模型执行提前停止的示例。当模型在训练过程中表现出最小改进(由你指定)时, 提前停止技术会很有用。

附录 B TF 2 简介

欢迎来到 TensorFlow 2（简称 TF 2）！本附录将向你介绍 TF 2 的各种功能，以及 TF 2 涵盖的一些工具和项目。你将看到展示了新的 TF 2 特性（如 `tf.GradientTape` 和修饰器 `@tf.function`）的 TF 2 代码示例，以及说明如何以 TF 2 方式编写代码的各种示例。

尽管本附录中的许多主题很简单，但它们为你提供了 TF 2 的基础知识。本附录也准备了复杂的代码，以便你深入研究你在本书其他章节中遇到的常用 TF 2 API。

请记住，在 TF 2 的生产版本发布之后，TensorFlow 1.x 被认为是遗留代码。谷歌将只为 TensorFlow 1.x 提供安全相关的更新（即不再开发新代码），并在 TF 2 的初始生产版本发布之后至少再支持一年。为方便起见，TensorFlow 提供了一个转换脚本，它使你能够在很多情况下将 TensorFlow 1.x 代码自动转换为 TF 2 代码。

本附录分为 6 部分。本附录的第 1 部分（B.1 节～B.4 节）简要讨论了 TF 2 的一些特性和 TF 2 框架包含的一些工具。

本附录的第 2 部分（B.5 节～B.9 节）向你展示了如何编写涉及 TF 常量和 TF 变量的 TF 2 代码。

本附录的第 3 部分（B.10 节和 B.11 节）介绍了 TF 2 中的 Python 函数修饰器 `@tf.function`。虽然并不总是需要这个修饰器，但熟悉它是很重要的，这一部分还讨论了一些关于它的使用方法的非直观警告。

本附录的第 4 部分（B.12 节～B.17 节）向你展示了如何在 TF 2 中执行典型的算术运算，如何使用一些内置的 TF 2 函数，以及如何计算三角函数值。如果你需要执行科学计算，请参阅 TF 2 中与浮点数精度类型相关的代码示例。这一部分还向你展示了如何使用 `for` 循环以及计算指数值。

本附录的第 5 部分（B.18 节～B.22 节）提供了涉及数组的 TF 2 代码示例，如创建单位矩阵、常数矩阵、随机均匀矩阵和截断正态矩阵，并提供了关于截断矩阵和随机矩阵之间差异的解释。这一部分还向你展示了如何在 TF 2 中乘以二阶张量，以及如何在 TF 2 中将 Python 数组转换为二阶张量。

本附录的第 6 部分（B.23 节～B.26 节）提供了一个代码示例，旨在说明如何使用 TF 2 的一些新功能，如 `tf.GradientTape`。这一部分还介绍了谷歌 Colaboratory 和其他云平台。

虽然本书中的 TF 2 代码示例使用的是 Python 3.x，但是为了在 Python 2.7 下运行，也可以修改这些 TF 2 代码示例。另请注意本书中的以下约定：TensorFlow 1.x 文件有 "tf_" 前缀，TF 2 文件有 "tf2_" 前缀。

B.1 什么是 TF 2

TF 2 是来自谷歌的开源框架，它是 TensorFlow 的最新版本。TF 2 是一个非常适合机器学习和深度学习的现代框架，可通过 Apache 许可证获得。有趣的是，就 TensorFlow 在艺术、音乐和医学等领域的创造力和大量用例而言，TensorFlow 令许多人（甚至 TensorFlow 团队的成员）感到惊讶。出于各种原因，TensorFlow 团队开发了 TF 2，目标是整合 TensorFlow API，消除重复 API，实现快速原型制作并提升调试体验。

对于 Keras 爱好者来说，好消息是，对 TF 2 进行改进提高的部分原因是为了采用 Keras 作为 TF 2 的核心功能的一部分。事实上，TF 2 扩展并优化了 Keras，以使其能够利用 TF 2 中的所有高阶功能。

如果你主要使用深度学习模型（如 CNN、RNN、LSTM 等），那么你可能会使用 `tf.keras` 命名空间中的一些类，`tf.keras` 命名空间是 TF 2 中 Keras 的实现。此外，`tf.keras.layers` 为神经网络提供了几个标准层。正如你将在后面所看到的，有多种方法可以定义基于 Keras 的模型，比如通过 `tf.keras.Sequential` 类、函数式定义和子类化技术。或者，如果你愿意，你仍然可以使用较低级别的操作和自动微分。

此外，TF 2 删除了重复的功能，提供了更直观的 API 语法，以及整个 TF 2 生态系统的兼容性。TF 2 甚至提供了一个名为 `tf.compat.v1`（不包括 `tf.contrib`）的向后兼容模块，以及一个转换脚本 `tf_upgrade_v2`，来帮助用户从 TensorFlow 1.x 迁移到 TF 2。

TF 2 的另一个重大变化是为作为默认模式的即时执行（而不是延迟执行）增加了一些新功能，如 `@tf.function` 修饰器和 TF 2 隐私相关功能。以下是一些 TF 2 特性和相关技术的浓缩列表。

- 对 `tf.keras` 的支持：对机器学习和深度学习的高阶代码的规范。
- Tensorflow.js v1.0：现代浏览器中的 TensorFlow。
- TensorFlow Federated：一个面向机器学习和分散数据的开源框架。
- 不规则张量：嵌套的可变长（"不均匀"）列表。
- TensorFlow Probability：结合了深度学习的概率模型。
- Tensor2Tensor：一个深度学习模型和数据集的库。

TF 2 还支持多种编程语言和硬件平台，包括：
- Python、Java、C++；
- 台式机、服务器、移动设备；
- CPU、GPU、TPU；
- Linux 和 macOS 系统；以及
- 适用于 Windows 系统的虚拟机。

在 TF 2 的官方网站上，你可以找到许多资源的链接。

B.1.1 TF 2 用例

TF 2 旨在解决大量用例中出现的任务，下面列出了其中的一些：
- 图像识别；
- 计算机视觉；
- 语音/声音识别；

- 时间序列分析；
- 语言检测；
- 语言翻译；
- 基于文本的处理；
- 手写识别。

B.1.2 TF 2 架构

TF 2 是用 C++编写的，支持涉及原始值和张量的操作（稍后讨论）。TensorFlow 1.x 的默认执行模式是延迟执行，而 TF 2 的默认执行模式是即时执行。尽管 TensorFlow 1.4.1 引入了即时执行模式，但你能在网上找到的绝大多数 TensorFlow 1.x 代码示例使用的模式是延迟执行模式。

TF 2 支持涉及张量（即具有增强功能的多维数组）以及条件逻辑、for 循环和 while 循环的算术运算。在 TF 2 中，虽然可以在即时执行模式和延迟执行模式之间进行切换，但本书中的所有代码示例使用的都是即时执行模式。

数据可视化是通过作为 TF 2 一部分的 TensorBoard 进行处理的。正如你在本书的代码示例中看到的那样，TF 2 API 在 Python 中可用，因此可以嵌入 Python 脚本中。

B.1.3 TF 2 安装

你可以通过从命令行执行以下命令来安装 TF 2：

```
pip install tensorflow==2.0.0-beta1
```

当 TF 2 的生产版本可用时，你可以从命令行执行以下命令，从而安装 TF 2 的最新版本：

```
pip install --upgrade tensorflow
```

如果要安装 TensorFlow 的特定版本（比如 TensorFlow 1.13.1），请执行以下命令：

```
pip install --upgrade tensorflow==1.13.1
```

你也可以降级已安装的 TensorFlow 版本。例如，如果你已经安装了 TensorFlow 1.13.1，并且想要安装 TensorFlow 1.10，请为以上命令中的 tensorflow 指定值 1.10。TensorFlow 将卸载当前的版本并安装你指定的版本（即 1.10 版）。

作为健全性检查，请使用以下 3 行代码创建一个 Python 脚本，以确定安装在计算机上的 TensorFlow 版本：

```
import tensorflow as tf
print("TF Version:",tf.__version__)
print("eager execution:",tf.executing_eagerly())
```

执行上面的代码，你会看到类似于以下输出的内容：

```
TF version: 2.0.0-beta1
eager execution: True
```

作为 TF 2 代码的一个简单示例，请将如下代码保存到一个文本文件中：

```
import tensorflow as tf
print("1 + 2 + 3 + 4 =", tf.reduce_sum([1, 2, 3, 4]))
```

执行上面的代码，你会看到如下输出：

```
1 + 2 + 3 + 4 = tf.Tensor(10, shape=(), dtype=int32)
```

B.1.4　TF 2 和 Python 的 REPL

如果你还不熟悉 Python 的交互式解释器 REPL（Read-Evaluate-Print Loop，读取-执行-输出循环），可以打开一个命令 shell，然后键入以下命令来访问它：

```
python
```

作为一个简单的说明，可通过导入 TF 2 库来访问 REPL 中与 TF 2 相关的功能，如下所示：

```
>>> import tensorflow as tf
```

请使用以下命令检查计算机上安装的 TensorFlow 版本：

```
>>> print('TF version:',tf._ _version_ _)
```

输出如下（你看到的数字取决于你安装的 TensorFlow 版本）：

```
TF version: 2.0.0-beta1
```

尽管 REPL 对短代码块很有用，但本书中的 TF 2 代码示例是 Python 脚本，你可以使用 Python 可执行文件启动它们。

B.2　其他基于 TF 2 的工具包

除了在多种设备上支持基于 TF 2 的代码之外，TF 2 还提供了以下工具包：
- 用于可视化的 TensorBoard（包含在 TensorFlow 中）；
- TensorFlow Serving（托管在服务器上）；
- TensorFlow Hub；
- TensorFlow Lite（用于开发移动应用）；
- Tensorflow.js（用于网页和 Node.js）。

TensorBoard 是一个运行在浏览器中的图形可视化工具。请从命令行启动 TensorBoard，如下所示。然后打开一个命令 shell，键入以下命令来访问子目录/tmp/abc（或你选择的其他目录）中保存的 TensorFlow 图形：

```
tensorboard --logdir/tmp/abc
```

请注意，在上面的命令中，`logdir` 参数的前面有两个连续的 "-"。启动一个浏览器会话，并导航到 localhost:6006。

过一会儿，你将看到 TF 2 图形的可视化效果，该图形是在你的代码中创建的，保存在目录/tmp/abc 中。

TensorFlow Serving 是一个基于云的灵活、高性能的机器学习模型服务系统,专为生产环境而设计。TensorFlow Serving 可以轻松部署新算法和实验,同时保持相同的服务器架构和 API。

TensorFlow Lite 是专为移动开发(包括 Android 开发和 iOS 开发)而创建的 SDK。请记住,TensorFlow Lite 取代了 TF 2 Mobile,后者是开发移动应用的早期 SDK。TensorFlow Lite(也存在于 TensorFlow 1.x 中)支持设备端机器学习推断,延迟较低,并且二进制文件很小。此外,TensorFlow Lite 支持安卓神经网络 API 的硬件加速。

tensorflow.js 提供了 JavaScript API 来访问网页中的 TensorFlow。tensorflow.js 以前叫作 deeplearning.js。你也可以在 Node.js 中使用 tensorflow.js。

B.3 TF 2 即时执行

与 TensorFlow 1.x 代码(使用了延迟执行模式)相比,TF 2 即时执行使得 TF 2 代码更容易编写。你可能会惊讶地发现,TensorFlow 在 1.4.1 版本中引入了即时执行作为延迟执行的替代方案,但这个功能并未得到充分利用。使用 TensorFlow 1.x 代码,你可以创建一个数据流图,其中包含一组表示计算单元的 tf.Operation 对象,以及一组表示在操作之间流动的数据单元的 tf.Tensor 对象。

TF 2 则会立即评估操作,而无须实例化会话对象或创建图形。操作返回具体值而不是创建计算图。TF 2 即时执行基于 Python 控制流而不是图控制流。算术运算更简单直观,你将在后面的代码示例中看到这一点。此外,TF 2 即时执行简化了调试过程。但是请记住,图和即时执行之间并不存在 1:1 的关系。

B.4 TF 2 张量、数据类型和原始类型

简言之,TF 2 张量是一个类似于 NumPy ndarray 的 n 维数组。TF 2 张量由其维度定义,如下所示:
- 标量——零阶张量;
- 向量——一阶张量;
- 矩阵——二阶张量;
- 三维数组——三阶张量。

下面的 B.4.1 节讨论 TF 2 中可用的一些数据类型,B.4.2 节则讨论 TF 2 原始类型。

B.4.1 TF 2 数据类型

TF 2 支持以下数据类型(类似于 TensorFlow 1.x 支持的数据类型):
- tf.float32;
- tf.float64;

- `tf.int8;`
- `tf.int16;`
- `tf.int32;`
- `tf.int64;`
- `tf.uint8;`
- `tf.string;`
- `tf.bool.`

上述列表中的数据类型是不言自明的：2 种浮点类型、4 种整数类型、1 种无符号整数类型、1 种字符串类型和 1 种布尔类型。如你所见，TF 2 支持 32 位和 64 位浮点类型，以及范围为 8～64 位的整数类型。

B.4.2　TF 2 原始类型

TF 2 支持将 `tf.constant()` 和 `tf.Variable()` 作为原始类型。请注意，`tf.Variable()` 中的大写 V 表示 TF 2 类（小写首字母则不是这种情况，例如 `tf.constant()`）。

TF 2 常量是不可变值，下面显示了一个简单示例：

```
aconst = tf.constant(3.0)
```

TF 2 变量是 TF 2 图中的可训练值。例如，由欧几里得平面上的点组成的数据集的最佳拟合线的斜率 m 和 y 截距 b，就是可训练值的两个示例。下面显示了 TF 2 变量的一些示例：

```
b = tf.Variable(3, name="b")
x = tf.Variable(2, name="x")
z = tf.Variable(5*x, name="z")

W = tf.Variable(20)
lm = tf.Variable(W*x + b, name="lm")
```

请注意，b、x 和 z 被定义为 TF 2 变量。此外，变量 b 和 x 是用数值进行初始化的，而变量 z 的值则是一个依赖于 x 值（等于 2）的表达式。

B.5　TF 2 中的常量

下面是 TF 2 常量的一些属性的简短列表：
- 它们在定义期间被初始化；
- 它们是不能改变值的（"不可变的"）；
- 它们可以指定名称（可选）；
- 它们的类型是必需的（如 `tf.float32`）；
- 它们在训练过程中不会被修改。

清单 B.1 显示了 `tf2_constants1.py` 的内容，演示了如何分配和输出一些 TF 2 常量的值。

清单 B.1　tf2_constants1.py

```
import tensorflow as tf

scalar = tf.constant(10)
```

```
vector = tf.constant([1,2,3,4,5])
matrix = tf.constant([[1,2,3],[4,5,6]])
cube= tf.constant([[[1],[2],[3]],[[4],[5],[6]],[[7],[8],[9]]])

print(scalar.get_shape())
print(vector.get_shape())
print(matrix.get_shape())
print(cube.get_shape())
```

清单 B.1 包含 4 个 tf.constant() 语句,它们分别定义了维度为 0、1、2 和 3 的 TF 2 张量。清单 B.1 还包含 4 个 print() 语句,它们显示了清单 B.1 前半部分定义的 4 个 TF 2 常量的形状。清单 B.1 的输出如下:

```
()
(5,)
(2, 3)
(3, 3, 1)
```

清单 B.2 显示了 tf2_constants2.py 的内容,演示了如何为 TF 2 常量赋值,然后输出这些值。

清单 B.2　tf2_constants2.py

```
import tensorflow as tf

x = tf.constant(5,name="x")
y = tf.constant(8,name="y")

@tf.function
def calc_prod(x, y):
    z = 2*x + 3*y
    return z

result = calc_prod(x, y)
print('result =',result)
```

清单 B.2 使用 TF 2 代码定义了一个修饰的(以粗体显示)Python 函数 calc_prod(),这些代码也可以包含在 TensorFlow 1.x 的 tf.Session() 代码块中。具体来说,z 包含在提供 x 和 y 值的 feed_dict 的 sess.run() 语句中。幸运的是,TF 2 中经过修饰的 Python 函数使 TensorFlow 代码看起来就像普通的 Python 代码。

B.6　TF 2 中的变量

TF 2 消除了全局集合及其关联的 API,如 tf.get_variable、tf.variable_scope 和 tf.initializers.global_variables。每当需要 TF 2 中的 tf.Variable 时,直接构造并初始化它即可,如下所示:

```
tf.Variable(tf.random.normal([2, 4])
```

清单 B.3 显示了 tf2_variables.py 的内容,演示了如何在 with 代码块中计算涉及 TF 2 常量和 TF 2 变量的值。

清单 B.3　tf2_variables.py

```
import tensorflow as tf
```

```
v = tf.Variable([[1., 2., 3.], [4., 5., 6.]])
print("v.value():", v.value())
print("")
print("v.numpy():", v.numpy())
print("")

v.assign(2 * v)
v[0, 1].assign(42)
v[1].assign([7., 8., 9.])
print("v:",v)
print("")

try:
    v [1] = [7., 8., 9.]
except TypeError as ex:
    print(ex)
```

清单 B.3 首先定义了一个 TF 2 变量 v 并输出它的值。清单 B.3 的下一部分更新 v 的值并输出它的新值。清单 B.3 的最后一部分包含一个尝试更新 v[1] 值的 try/except 块。清单 B.3 的输出如下：

```
v.value(): tf.Tensor(
[[1. 2. 3.]
 [4. 5. 6.]], shape=(2, 3), dtype=float32)

v.numpy(): [[1. 2. 3.]  [4. 5. 6.]]

v: <tf.Variable 'Variable:0' shape=(2, 3) dtype=float32, numpy=
array([[ 2., 42.,  6.],
       [ 7.,  8.,  9.]], dtype=float32)>

'ResourceVariable' object does not support item assignment
```

涉及 TF 2 代码的讲解到此结束，其中包含 TF 2 常量和 TF 2 变量的各种组合。接下来的 B.7 节～B.9 节将深入探讨 TF 2 原始类型的更多详细信息。

B.7　tf.rank() API

在 TF 2 中，张量的秩是张量的维度，而张量的形状则是每个维度中元素的数量。清单 B.4 显示了 tf2_rank.py 的内容，演示了如何找到 TF 2 张量的秩。

清单 B.4　tf2_rank.py

```
import tensorflow as tf # tf2_rank.py

A = tf.constant(3.0)
B = tf.fill([2,3], 5.0)
C = tf.constant([3.0, 4.0])

@tf.function
def show_rank(x):
    return tf.rank(x)

print('A:',show_rank(A))
print('B:',show_rank(B))
print('C:',show_rank(C))
```

清单 B.4 首先定义了我们已经熟悉的 TF 2 常量 A；然后定义了 TF 2 张量 B，它是一个 2×

3 的张量, 其中每个元素的值都是 5。TF 2 张量 C 是一个 1×2 的张量, 元素的值分别为 3.0 和 4.0。清单 B.4 的下一部分定义了一个修饰的 Python 函数 show_rank(), 该函数返回其输入变量的排名。清单 B.4 的最后一部分使用 A 和 B 调用 show_rank()。清单 B.4 的输出如下:

```
A: tf.Tensor(0, shape=(), dtype=int32)
B: tf.Tensor(2, shape=(), dtype=int32)
C: tf.Tensor(1, shape=(), dtype=int32)
```

B.8 tf.shape() API

TF 2 张量的形状是给定张量的每个维度中元素的数量。

清单 B.5 显示了 tf2_getshape.py 的内容, 演示了如何找到 TF 2 张量的形状。

清单 B.5   tf2_getshape.py

```
import tensorflow as tf

a = tf.constant(3.0)
print("a shape:",a.get_shape())

b = tf.fill([2,3], 5.0)
print("b shape:",b.get_shape())

c = tf.constant([[1.0,2.0,3.0], [4.0,5.0,6.0]])
print("c shape:",c.get_shape())
```

清单 B.5 从定义 TF 2 常量 a 开始, a 的值为 3.0。接下来, 将 TF 2 变量 b 初始化为一个值为 [[2,3], 5.0] 的 1×2 向量, 后面跟着值为 [[1.0,2.0,3.0],[4.0,5.0,6.0]] 的常量 c。3 个 print() 语句分别用于输出 a、b 和 c 的值。清单 B.5 的输出如下:

```
a shape: ()
b shape: (2, 3)
c shape: (2, 3)
```

可以使用数字 (9、−5、2.34 等)、[] 和 () 指定零维张量 (标量) 的形状。作为另一个例子, 清单 B.6 显示了 tf2_shapes.py 的内容, 其中包含各种张量及其形状。

清单 B.6   tf2_shapes.py

```
import tensorflow as tf

list_0 = []
tuple_0 = ()
print("list_0:",list_0)
print("tuple_0:",tuple_0)
list_1 = [3]
tuple_1 = (3)
print("list_1:",list_1)
print("tuple_1:",tuple_1)

list_2 = [3, 7]
tuple_2 = (3, 7)
print("list_2:",list_2)
print("tuple_2:",tuple_2)

any_list1 = [None]
any_tuple1 = (None)
print("any_list1:",any_list1)
```

```
print("any_tuple1:",any_tuple1)

any_list2 = [7,None]
any_list3 = [7,None,None]
print("any_list2:",any_list2)
print("any_list3:",any_list3)
```

清单 B.6 包含了各种维度的简单列表和元组，以说明这两种类型之间的区别。清单 B.6 的输出可能正是你所期望的结果，如下所示：

```
list_0: []
tuple_0: ()
list_1: [3]
tuple_1: 3
list_2: [3, 7]
tuple_2: (3, 7)
any_list1: [None]
any_tuple1: None
any_list2: [7, None]
any_list3: [7, None, None]
```

B.9 TF 2 中的变量（重新审视）

TF 2 变量可以在反向误差传播期间更新。TF 2 变量也可以保存，然后在稍后的时间点恢复。以下列表包含 TF 2 变量的一些属性：

● 初始值是可选的；
● 它们必须在图执行之前初始化；
● 它们在训练期间更新；
● 它们不断被重新计算；
● 它们保存权重和偏差的值；
● 它们有一个内存缓冲区（从磁盘保存/恢复）。

这里有一些 TF 2 变量的简单例子：

```
b = tf.Variable(3, name='b')
x = tf.Variable(2, name='x')
z = tf.Variable(5*x, name="z")

W = tf.Variable(20)
lm = tf.Variable(W*x + b, name="lm")
```

请注意，我们为变量 b、x 和 W 指定了常数值，而为变量 z 和 lm 指定了根据其他变量定义的表达式。如果熟悉线性回归，你无疑会注意到，变量 lm（代表"线性模型"）定义了欧几里得平面上的一条线。TF 2 变量的其他属性如下：

● 它们有一个可以通过运算来更新的张量；
● 它们存在于 session.run 的上下文之外；
● 它们的表现就像常规变量一样；
● 它们保存学习的模型参数；
● 它们的变量可以共享（或不可训练）；
● 它们用于存储/维护状态；

- 它们在内部存储了一个持久张量；
- 可以读取/修改这个张量的值；
- 多个工作器看到相同的 tf.Variables；
- 它们是表示由程序操纵的共享、持久状态的最佳方式。

TF 2 还提供了 tf.assign() API，以便修改 TF 2 变量的值。请务必阅读本章后面的相关代码示例，以便了解如何正确使用该 API。

TF 2 变量与 TF 2 张量

请记住 TF 2 变量和 TF 2 张量的以下区别：TF 2 变量表示模型的可训练参数（如神经网络的权重和偏差），而 TF 2 张量表示输入模型的数据以及这些数据通过模型时的中间表示。

在 B.10 节中，你将了解 Python 函数的@tf.function 修饰器及其如何提高模型的性能。

B.10　TF 2 中的@tf.function 是什么

TF 2 引入了 Python 函数的@tf.function 修饰器。这个修饰器定义了一个图并被用于会话执行，它在某种程度上是 TensorFlow 1.x 中的 tf.Session() 的后继者。由于图仍然有用，@tf.function 透明地将 Python 函数转换成图支持的函数。这个修饰器还将依赖于张量的 Python 控制流转换成 TensorFlow 控制流，并添加控制依赖项，以便将读写操作转换为 TF 2 状态。请记住，@tf.function 最适合 TF 2 操作，而不适合 NumPy 操作或 Python 原语。

一般来说，你不需要用@tf.function 来修饰函数，但你可以用它来修饰高阶计算，例如训练的一步或者模型的前向传递。

虽然 TF 2 即时执行有助于实现更直观的用户界面，但这种易用性可能会以性能下降为代价。幸运的是，@tf.function 修饰器是一种在 TF 2 代码中生成图的技术，其执行速度相比即时执行更快。

性能优势取决于所执行的操作类型：矩阵乘法并不能受益于@tf.function 的使用，而深度神经网络的优化可以从@tf.function 中受益。

B.10.1　@tf.function 如何工作

每当你使用@tf.function 修饰一个 Python 函数时，TF 2 都会自动以图模式构建这个 Python 函数。如果一个用@tf.function 修饰的 Python 函数调用了其他没有用@tf.function 修饰的 Python 函数，则那些未修饰的 Python 函数中的代码也将包含在生成的图中。

你要记住的一点是，即时执行模式下的 tf.Variable 实际上是一个普通的 Python 对象，这个 Python 对象在超出范围时会被销毁。如果函数是通过@tf.function 修饰的，tf.Variable 对象将定义一个持久对象。在这种情况下，即时执行模式被禁用并且 tf.Variable 对象会定义一个位于持久化 TF 2 图中的节点。因此，在没有注释的即时执行模式下工作的函数，在使用@tf.function 进行修饰时可能会失败。

B.10.2 TF 2 中@tf.function 的注意事项

如果在定义一个修饰的 Python 函数之前定义了一些常量，则可以使用 Python 的 print() 函数在这个 Python 函数中输出它们的值。如果这些常量是在一个修饰的 Python 函数的定义中定义的，则可以使用 TF 2 的 tf.print() 函数在这个 Python 函数中输出它们的值。考虑以下代码块：

```
import tensorflow as tf

a = tf.add(4, 2)

@tf.function
def compute_values():
 print(a) # 6

compute_values()

# output:
# tf.Tensor(6, shape=(), dtype=int32
```

如你所见，这里显示了正确的结果（以粗体显示）。但是，如果你在一个修饰的 Python 函数中定义常量，输出将包含类型和属性，但不包含加法操作的执行。考虑以下代码块：

```
import tensorflow as tf

@tf.function
def compute_values():
    a = tf.add(4, 2)
    print(a)

compute_values()

# output:
# Tensor("Add:0", shape=(), dtype=int32)
```

以上输出中的"0"是张量名的一部分，而不是输出值。具体来说，Add:0 是 tf.add() 操作的输出。对 compute_values() 的任何额外调用都不会输出任何内容。如果你想要真实的结果，第一个解决方案是从函数中返回一个值，如下所示：

```
import tensorflow as tf

@tf.function
def compute_values():
    a = tf.add(4, 2)
    return a

result = compute_values()
print("result:", result)
```

上述代码块的输出如下：

```
result: tf.Tensor(6, shape=(), dtype=int32)
```

第二个解决方案涉及 TF 2 的 tf.print() 函数，而不是 Python 的 print() 函数，如以下代码块中的粗体部分所示：

```
@tf.function
def compute_values():
    a = tf.add(4, 2)
    tf.print(a)
```

第三个解决方案是将数值转换为张量，前提是它们不影响所生成的图的形状，如下所示：

```
import tensorflow as tf

@tf.function
def compute_values():
    a = tf.add(tf.constant(4), tf.constant(2))
    return a

result = compute_values()
print("result:", result)
```

B.10.3　tf.print()函数和标准错误

还有一个细节你要记住：一方面，Python 的 print()函数将输出发送到与值为 1 的文件描述符相关联的标准输出；另一方面，TF 2 的 tf.print()函数将输出发送到与值为 2 的文件描述符相关联的标准错误。在 C、C++等编程语言中，只有错误会被发送到标准错误，因此请记住，tf.print()不同于关于标准输出和标准错误的约定。以下代码说明了这种差异：

```
python3 file_with_print.py     1>print_output
python3 file_with_tf.print.py 2>tf.print_output
```

如果你的 Python 文件同时包含 print()和 tf.print()，则可以按照如下方式捕获输出：

```
python3 both_prints.py 1>print_output 2>tf.print_output
```

但是请记住，上面的代码也可能会将真实的错误消息重定向到文件 tf.print_output。

B.11　在 TF 2 中使用@tf.function

B.10.3 节解释了根据你在 TF 2 代码中使用的是 Python 的 print()函数还是 TF 2 的 tf.print()函数，输出将如何不同，TF 2 的 tf.print()函数还会将输出发送到标准错误而不是标准输出。

本节提供了 TF 2 中@tf.function 修饰器的几个示例，向你展示了具体行为中的一些细微差别，这取决于定义常量的位置以及使用的是 TF 2 的 tf.print()函数还是 Python 的 print()函数。你还要记住 B.10.2 节中关于@tf.function 的注释，以及不需要在所有 Python 函数中使用@tf.function 的事实。

B.11.1　一个未使用@tf.function 的例子

清单 B.7 显示了 tf2_simple_function.py 的内容，演示了如何使用 TF 2 代码定义 Python 函数。

清单 B.7　tf2_simple_function.py

```
import tensorflow as tf

def func():
    a = tf.constant([[10,10],[11.,1.]])
```

```
    b = tf.constant([[1.,0.],[0.,1.]])
    c = tf.matmul(a, b)
    return c

print(func().numpy())
```

清单 B.7 中的代码很简单：Python 函数 func() 定义了两个 TF 2 常量，然后计算它们的乘积并返回计算结果。

由于 TF 2 默认工作在即时执行模式下，因此 Python 函数 func() 被视为普通函数。执行清单 B.7 中的代码，你将看到以下输出：

```
[[20. 30.]
 [22. 3.]]
```

B.11.2　一个使用 @tf.function 的例子

清单 B.8 显示了 tf2_at_function.py 的内容，演示了如何定义一个修饰的 Python 函数。

清单 B.8　tf2_at_function.py

```
import tensorflow as tf

@tf.function
def func():
    a = tf.constant([[10,10],[11.,1.]])
    b = tf.constant([[1.,0.],[0.,1.]])
    c = tf.matmul(a, b)
    return c

print(func().numpy())
```

清单 B.8 定义了一个修饰的 Python 函数 func()，其余代码与清单 B.7 相同。然而，缘于注解 @tf.function，Python 函数 func() 被封装在一个 tensorflow.python.eager.def_function.Function 对象中。具体来说，Python 函数 func() 被分配给这个对象的 .python_function 属性。

当调用 Python 函数 func() 时，图构建开始。只执行 Python 代码，并跟踪函数的行为，以便 TF 2 可以收集构建图所需的数据。输出如下所示：

```
[[20. 30.]
 [22. 3.]]
```

B.11.3　使用 @tf.function 重载函数的例子

如果使用过 Java、C++ 等编程语言，那么你可能已经熟悉重载函数的概念。重载函数是一种可以使用不同数据类型来调用的函数。例如，你可以定义一个重载的 add 函数，该函数可以将两个数字相加或者连接两个字符串。

各种编程语言中的重载函数都是通过*名称修饰*来实现的，这意味着将签名（函数的参数及其数据类型）附加到函数名以生成唯一的函数名。这都发生在幕后，你无须担心实现细节。

清单 B.9 显示了 `tf2_overload.py` 的内容，演示了如何定义可以使用不同数据类型来调用的 Python 函数。

清单 B.9　tf2_overload.py

```
import tensorflow as tf

@tf.function
def add(a):
    return a + a

print("Add 1: ", add(1))
print("Add 2.3: ", add(2.3))
print("Add string tensor:", add(tf.constant("abc")))

c = add.get_concrete_function(tf.TensorSpec(shape=None, dtype=tf.string))
c(a=tf.constant("a"))
```

清单 B.9 定义了一个修饰的 Python 函数 `add()`。可以通过传递整数、十进制值或 TF 2 张量来调用此函数，并计算正确的结果。执行清单 B.9 中的代码，你将看到以下输出：

```
Add 1: tf.Tensor(2, shape=(), dtype=int32)
Add 2.3: tf.Tensor(4.6, shape=(), dtype=float32)
Add string tensor: tf.Tensor(b'abcabc', shape=(), dtype=string)
c: <tensorflow.python.eager.function.ConcreteFunction object at 0x1209576a0>
```

B.11.4　TF 2 中的 AutoGraph 是什么

AutoGraph 指的是从 Python 代码到其图表示的转换，这是 TF 2 的一个十分重要的新特性。实际上，AutoGraph 被自动应用于用 `@tf.function` 修饰的函数，修饰器 `@tf.function` 用于从 Python 函数创建可调用图。

AutoGraph 通过将 Python 语法的一个子集转换为其可移植、高性能且与编程语言无关的图表示，弥合了 TensorFlow 1.x 和 TF 2 之间的差距。事实上，AutoGraph 允许你检查自动生成的代码。例如，如果你定义了一个名为 `my_product` 的 Python 函数，则可以使用以下代码检查自动生成的代码：

```
print(tf.autograph.to_code(my_product))
```

特别地，Python 的 for/while 构造是通过 `tf.while_loop`（也支持 `break` 和 `continue` 语句）在 TF 2 中实现的。Python 的 if 构造是通过 `tf.cond` 在 TF 2 中实现的。Python 的 `for...in dataset` 是通过 `dataset.reduce` 在 TF 2 中实现的。

AutoGraph 也有一些转换循环的规则。如果循环中的可迭代对象是张量，则转换 for 循环；如果 while 条件依赖于张量，则转换 while 循环。如果一个循环被转换，它就会被 `tf.while_loop` 动态展开；而如果一个循环没有被转换，那么它将被静态展开。

AutoGraph 支持嵌套了任意深度的控制流，因此你可以实现多种类型的机器学习程序。有关 AutoGraph 的更多信息，请查看在线文档。

B.12 TF 2 中的算术运算

清单 B.10 显示了 `tf2_arithmetic.py` 的内容，演示了如何在 TF 2 中执行算术运算。

清单 B.10 tf2_arithmetic.py

```
import tensorflow as tf

@tf.function # 使用 tf.print() 替换 print()
def compute_values():
    a = tf.add(4, 2)
    b = tf.subtract(8, 6)
    c = tf.multiply(a, 3)
    d = tf.math.divide(a, 6)

    print(a)  # 6
    print(b)  # 2
    print(c)  # 18
    print(d)  # 1

compute_values()
```

清单 B.10 用简单的代码定义了一个修饰的 Python 函数 `compute_values()`，用于通过 `tf.add()`、`tf.subtract()`、`tf.multiply()` 和 `tf.math.divide()` 等 API 分别计算两个数字的和、差、乘积和商。然后用 4 个 `print()` 语句显示 a、b、c 和 d 的值。清单 B.10 的输出如下：

```
tf.Tensor(6, shape=(), dtype=int32)
tf.Tensor(2, shape=(), dtype=int32)
tf.Tensor(18, shape=(), dtype=int32)
tf.Tensor(1.0, shape=(), dtype=float64)
```

B.13 TF 2 中算术运算的注意事项

正如你可能猜到的那样，你还可以执行涉及 TF 2 常量和 TF 2 变量的算术运算。清单 B.11 显示了 `tf2_const_var.py` 的内容，演示了如何执行涉及 TF 2 常量和 TF 2 变量的算术运算。

清单 B.11 tf2_const_var.py

```
import tensorflow as tf

v1 = tf.Variable([4.0, 4.0])
c1 = tf.constant([1.0, 2.0])

diff = tf.subtract(v1,c1)
print("diff:",diff)
```

清单 B.11 计算了 TF 变量 v1 和 TF 常量 c1 的差值，输出如下所示：

```
diff: tf.Tensor([3. 2.], shape=(2,), dtype=float32)
```

但是，如果你更新 v1 的值，然后输出 diff 的值，则结果不会发生改变。你必须重置 diff 的值，就像在其他命令式编程语言中一样。

　　清单 B.12 显示了 `tf2_const_var2.py` 的内容，进一步演示了如何执行涉及 TF 2 常量和 TF 2 变量的算术运算。

清单 B.12　tf2_const_var2.py

```
import tensorflow as tf

v1 = tf.Variable([4.0, 4.0])
c1 = tf.constant([1.0, 2.0])

diff = tf.subtract(v1,c1)
print("diff1:",diff.numpy())

# diff 未更新:
v1.assign([10.0, 20.0])
print("diff2:",diff.numpy())

# diff 被正确更新:
diff = tf.subtract(v1,c1)
print("diff3:",diff.numpy())
```

　　清单 B.12 在清单 B.11 的最后部分重新计算了 `diff` 的值。输出如下所示：

```
diff1: [3. 2.]
diff2: [3. 2.]
diff3: [9. 18.]
```

B.14　TF 2 的内置函数

　　清单 B.13 显示了 `tf2_math_ops.py` 的内容，演示了如何在 TensorFlow 图中执行额外的算术运算。

清单 B.13　tf2_math_ops.py

```
import tensorflow as tf

PI = 3.141592

@tf.function # 使用 tf.print() 替换 print()
def math_values():
  print(tf.math.divide(12,8))
  print(tf.math.floordiv(20.0,8.0))
  print(tf.sin(PI))
  print(tf.cos(PI))
  print(tf.math.divide(tf.sin(PI/4.), tf.cos(PI/4.)))

math_values()
```

　　清单 B.13 为 `PI` 指定了一个硬编码值，后跟修饰的 Python 函数 `math_values()` 和 5 个显示各种算术运算结果的 `print()` 语句。注意，第三个输出值是一个非常小的数字（正确的值是 0）。清单 B.13 的输出如下所示：

```
1.5
tf.Tensor(2.0, shape=(), dtype=float32)
tf.Tensor(6.2783295e-07, shape=(), dtype=float32)
```

```
tf.Tensor(-1.0, shape=(), dtype=float32)
tf.Tensor(0.99999964, shape=(), dtype=float32)
```

清单 B.14 显示了 `tf2_math_ops_pi.py` 的内容，演示了如何在 TF 2 中执行算术运算。

清单 B.14　tf2_math_ops_pi.py

```
import tensorflow as tf
import math as m

PI = tf.constant(m.pi)

@tf.function #  使用 tf.print()替换 print()
def math_values():
    print(tf.math.divide(12,8))
    print(tf.math.floordiv(20.0,8.0))
    print(tf.sin(PI))
    print(tf.cos(PI))
    print(tf.math.divide(tf.sin(PI/4.), tf.cos(PI/4.)))

math_values()
```

清单 B.14 中的代码几乎与清单 B.13 相同，唯一的区别是，清单 B.13 为 PI 指定了一个硬编码值，而清单 B.14 将 `m.pi` 分配给 PI。因此，π 的近似值与正确值更接近了。清单 B.14 的输出如下，请注意，输出格式与清单 B.13 的不同之处在于 Python 的 `print()` 函数：

```
1.5
tf.Tensor(2.0, shape=(), dtype=float32)
tf.Tensor(-8.742278e-08, shape=(), dtype=float32)
tf.Tensor(-1.0, shape=(), dtype=float32)
tf.Tensor(1.0, shape=(), dtype=float32)
```

B.15　计算 TF 2 中的三角函数值

清单 B.15 显示了 `tf2_trig_values.py` 的内容，演示了如何在 TF 2 中计算三角函数值。

清单 B.15　tf2_trig_values.py

```
import tensorflow as tf
import math as m

PI = tf.constant(m.pi)

a = tf.cos(PI/3.)
b = tf.sin(PI/3.)
c = 1.0/a # sec(60)
d = 1.0/tf.tanh(PI/3.) # cot(60)

@tf.function
def math_values():
    print("a:",a)
    print("b:",b)
    print("c:",c)
    print("d:",d)

math_values()
```

清单 B.15 很简单，其中包含几个与清单 B.14 中相同的 TF 2 API。此外，清单 B.15 还包含

`tf.tanh()` API，用于计算一个数字的正切（以弧度为单位）。清单 B.15 的输出如下：

```
a: tf.Tensor(0.49999997, shape=(), dtype=float32)
b: tf.Tensor(0.86602545, shape=(), dtype=float32)
c: tf.Tensor(2.0000002, shape=(), dtype=float32)
d: tf.Tensor(0.57735026, shape=(), dtype=float32)
```

B.16 计算 TF 2 中的指数值

清单 B.16 显示了 `tf2_exp_values.py` 的内容，演示了如何计算 TF 2 中的指数值。

清单 B.16 tf2_exp_values.py

```
import tensorflow as tf

a = tf.exp(1.0)
b = tf.exp(-2.0)
s1 = tf.sigmoid(2.0)
s2 = 1.0/(1.0 + b)
t2 = tf.tanh(2.0)

@tf.function
def math_values():
    print('a: ', a)
    print('b: ', b)
    print('s1:', s1)
    print('s2:', s2)
    print('t2:', t2)

math_values()
```

清单 B.16 从 TF 2 API `tf.exp()`、`tf.sigmoid()` 和 `tf.tanh()` 开始，它们分别计算数字的指数值、`sigmoid()` 函数值和双曲正切值。清单 B.16 的输出如下：

```
a:  tf.Tensor(2.7182817, shape=(), dtype=float32)
b:  tf.Tensor(0.13533528, shape=(), dtype=float32)
s1: tf.Tensor(0.880797, shape=(), dtype=float32)
s2: tf.Tensor(0.880797, shape=(), dtype=float32)
t2: tf.Tensor(0.9640276, shape=(), dtype=float32)
```

B.17 在 TF 2 中使用字符串

清单 B.17 显示了 `tf2_strings.py` 的内容，演示了如何在 TF 2 中使用字符串。

清单 B.17 tf2_strings.py

```
import tensorflow as tf

x1 = tf.constant("café")
print("x1:",x1)
tf.strings.length(x1)
print("")

len1 = tf.strings.length(x1, unit="UTF8_CHAR")
len2 = tf.strings.unicode_decode(x1, "UTF8")
```

```
print("len1:",len1.numpy())
print("len2:",len2.numpy())
print("")

# 字符串数组
x2 = tf.constant(["Café", "Coffee", "caffè", "咖啡"])
print("x2:",x2)
print("")

len3 = tf.strings.length(x2, unit="UTF8_CHAR")
print("len2:",len3.numpy())
print("")

r = tf.strings.unicode_decode(x2, "UTF8")
print("r:",r)
```

清单 B.17 将 TF 2 常量 x1 定义为包含重音符号的字符串。第一个 print() 语句显示 x1 的前 3 个字符，后跟一对表示添加了重音符号的字符 e 的十六进制值。第二和第三个 print() 语句显示 x1 中的字符数，后跟 x1 的 UTF-8 序列。

清单 B.17 的下一部分将 TF 2 常量 x2 定义为包含 4 个字符串的一阶 TF 2 张量。下一个 print() 语句显示 x2 的内容，并对包含重音符号的字符使用 UTF-8 值。

清单 B.17 的最后一部分将 r 定义为字符串 x2 中字符的 Unicode 值。清单 B.17 的输出如下：

```
x1: tf.Tensor(b'caf\xc3\xa9', shape=(), dtype=string)

len1: 4
len2: [ 99  97 102 233]

x2: tf.Tensor([b'Caf\xc3\xa9' b'Coffee' b'caff\xc3\xa8' b'\xe5\x92\x96\xe5\x95\xa1'], shape=(4,), dtype=string)

len2: [4 6 5 2]

r: <tf.RaggedTensor [[67, 97, 102, 233], [67, 111, 102, 102, 101, 101], [99, 97, 102, 102, 232], [21654, 21857]]>
```

B.18　在 TF 2 中使用带有各种张量的运算符

清单 B.18 显示了 tf2_tensors_operations.py 的内容，演示了如何在 TF 2 中使用各种带有张量的运算符。

清单 B.18　tf2_tensors_operations.py

```
import tensorflow as tf

x = tf.constant([[1., 2., 3.], [4., 5., 6.]])

print("x:", x)
print("")
print("x.shape:", x.shape)
print("")
print("x.dtype:", x.dtype)
print("")
print("x[:, 1:]:", x[:, 1:])
print("")
print("x[..., 1, tf.newaxis]:", x[..., 1,tf.newaxis])
print("")
print("x + 10:", x + 10)
print("")
print("tf.square(x):", tf.square(x))
print("")
print("x @ tf.transpose(x):", x @ tf.transpose(x))
```

```
m1 = tf.constant([[1., 2., 4.], [3., 6., 12.]])
print("m1: ", m1 + 50)
print("m1 + 50: ", m1 + 50)
print("m1 * 2: ", m1 * 2)
print("tf.square(m1): ", tf.square(m1))
```

清单 B.18 定义了包含 2×3 实数数组的 TF 2 张量 x。上面的大部分代码说明了如何通过调用 x.shape 和 x.dtype 以及 TensorFlow 函数 tf.square(x) 来显示 x 的属性。清单 B.18 的输出如下：

```
x: tf.Tensor(
[[1. 2. 3.]
[4. 5. 6.]], shape=(2, 3), dtype=float32)

x.shape: (2, 3)

x.dtype: <dtype: 'float32'>

x[:, 1:]: tf.Tensor(
[[2. 3.]
[5. 6.]], shape=(2, 2), dtype=float32)

x[..., 1, tf.newaxis]: tf.Tensor(
[[2.]
[5.]], shape=(2, 1), dtype=float32)

x + 10: tf.Tensor(
[[11. 12. 13.]
[14. 15. 16.]], shape=(2, 3), dtype=float32)

tf.square(x): tf.Tensor(
[[ 1. 4. 9.]
[16. 25. 36.]], shape=(2, 3), dtype=float32)

x @ tf.transpose(x): tf.Tensor(
[[14. 32.]
[32. 77.]], shape=(2, 2), dtype=float32)

m1: tf.Tensor(
[[51. 52. 54.]
[53. 56. 62.]], shape=(2, 3), dtype=float32)

m1 + 50: tf.Tensor(
[[51. 52. 54.]
[53. 56. 62.]], shape=(2, 3), dtype=float32)

m1 * 2: tf.Tensor(
[[ 2. 4. 8.]
[ 6. 12. 24.]], shape=(2, 3), dtype=float32)

tf.square(m1): tf.Tensor(
[[ 1. 4. 16.]
[ 9. 36. 144.]], shape=(2, 3), dtype=float32)
```

B.19　TF 2 中的二阶张量（1）

清单 B.19 显示了 tf2_elem2.py 的内容，演示了如何定义一个二阶 TF 2 张量以及如何访问这个二阶 TF 2 张量中的元素。

清单 B.19 tf2_elem2.py

```
import tensorflow as tf

arr2 = tf.constant([[1,2],[2,3]])

@tf.function
def compute_values():
  print('arr2: ',arr2)
  print('[0]: ',arr2[0])
  print('[1]: ',arr2[1])

compute_values()
```

清单 B.19 包含了用值[[1,2],[2,3]]初始化的 TF 2 常量 arr1。3 个 print()语句分别用于显示 arr1 的值、索引为 1 的元素的值，以及索引为[1,1]的元素的值。清单 B.19 的输出如下：

```
arr2: tf.Tensor(
[[1 2]
 [2 3]], shape=(2, 2), dtype=int32)
[0]: tf.Tensor([1 2], shape=(2,), dtype=int32)
[1]: tf.Tensor([2 3], shape=(2,), dtype=int32)
```

B.20 TF 2 中的二阶张量（2）

清单 B.20 显示了 tf2_elem3.py 的内容，进一步演示了如何定义一个二阶 TF 2 张量并访问这个二阶 TF 2 张量中的元素。

清单 B.20 tf2_elem3.py

```
import tensorflow as tf

arr3 = tf.constant([[[1,2],[2,3]],[[3,4],[5,6]]])

@tf.function # 用 tf.print()替换 print()
def compute_values():
  print('arr3: ',arr3)
  print('[1]: ',arr3[1])
  print('[1,1]: ',arr3[1,1])
  print('[1,1,0]:',arr3[1,1,0])

compute_values()
```

清单 B.20 包含了 TF 2 常量 arr3，arr3 是用值[[[1,2],[2,3]],[[3,4],[5,6]]]进行初始化的。4 个 print()语句分别用于显示 arr3 的值、索引为 1 的元素的值、索引为[1,1]的元素的值，以及索引为[1,1,0]的元素的值。清单 B.20 的输出如下：

```
arr3: tf.Tensor(
[[[1 2]
  [2 3]]
 [[3 4]
  [5 6]]], shape=(2, 2, 2), dtype=int32)

[1]: tf.Tensor(
[[3 4]
 [5 6]], shape=(2, 2), dtype=int32)

[1,1]: tf.Tensor([5 6], shape=(2,), dtype=int32)

[1,1,0]: tf.Tensor(5, shape=(), dtype=int32)
```

B.21　TF 2 中两个二阶张量的乘法

清单 B.21 显示了 `tf2_mult.py` 的内容，演示了如何在 TF 2 中执行二阶张量的乘法操作。

清单 B.21　tf2_mult.py

```
import tensorflow as tf

m1 = tf.constant([[3., 3.]])      # 1×2
m2 = tf.constant([[2.],[2.]])     # 2×1
p1 = tf.matmul(m1, m2)            # 1×1

@tf.function
def compute_values():
  print('m1:',m1)
  print('m2:',m2)
  print('p1:',p1)

compute_values()
```

清单 B.21 包含两个 TF 2 常量 m1 和 m2——用值 `[[3., 3.]]` 和 `[[2.],[2.]]` 进行初始化，缘于嵌套的方括号，m1 的形状为 1×2，而 m2 的形状为 2×1。因此，m1 和 m2 的乘积形状为 1×1。

3 个 `print()` 语句分别用于显示 m1、m2 和 p1 的值。清单 B.21 的输出如下：

```
m1: tf.Tensor([[3. 3.]], shape=(1, 2), dtype=float32)
m2: tf.Tensor(
  [[2.]
   [2.]], shape=(2, 1), dtype=float32)
p1: tf.Tensor([[12.]], shape=(1, 1), dtype=float32)
```

B.22　将 Python 数组转换为 TF 2 张量

清单 B.22 显示了 `tf2_convert_tensors.py` 的内容，演示了如何将 Python 数组转换为 TF 2 张量。

清单 B.22　tf2_convert_tensors.py

```
import tensorflow as tf
import numpy as np

x1 = np.array([[1.,2.],[3.,4.]])
x2 = tf.convert_to_tensor(value=x1, dtype=tf.float32)

print('x1:',x1)
print('x2:',x2)
```

清单 B.22 很简单，首先是两个分别针对 TF 2 和 NumPy 的 `import` 语句。接下来，变量 x1 是 NumPy 数组，x2 则是将 x1 转换成 TF 2 张量的结果。清单 B.22 的输出如下：

```
x1: [[1. 2.]
  [3. 4.]]
x2: tf.Tensor(
```

```
[[1. 2.]
 [3. 4.]], shape=(2, 2), dtype=float32)
```

TF 2 中的冲突类型

清单 B.23 显示了 `tf2_conflict_types.py` 的内容，演示了当你试图在 TF 2 中组合不兼容的张量时会发生什么。

清单 B.23　tf2_conflict_types.py

```
import tensorflow as tf

try:
    tf.constant(1) + tf.constant(1.0)
except tf.errors.InvalidArgumentError as ex:
    print(ex)
try:
    tf.constant(1.0, dtype=tf.float64) + tf.constant(1.0)
except tf.errors.InvalidArgumentError as ex:
    print(ex)
```

清单 B.23 包含两个 try/except 块。第一个 try/except 块添加了两个兼容的常数 1 和 1.0。第二个 try/except 块试图将声明为 `tf.float64` 类型的值 1.0 与常数 1.0 相加，而后者不兼容张量。清单 B.23 的输出如下：

```
cannot compute Add as input #1(zero-based) was expected to be a int32 tensor but is a float tensor
[Op:Add] name: add/
cannot compute Add as input #1(zero-based) was expected to be a double tensor but is a float tensor
[Op:Add] name: add/
```

B.23　微分和 TF 2 中的 tf.GradientTape

自动微分（即计算导数）对于实现机器学习算法是很有用的，例如用于训练各种神经网络的反向传播。在即时执行模式下，TF 2 上下文管理器 `tf.GradientTape` 能够跟踪计算梯度的操作。这个上下文管理器提供了一个 `watch()` 方法，用于指定将被微分的张量。

`tf.GradientTape` 上下文管理器会在"磁带"上记录所有转发操作，然后通过反向播放磁带来计算梯度，并在每一次完成梯度计算后丢弃磁带。因此，一个 `tf.GradientTape` 上下文管理器只能计算一个梯度，后续调用将引发运行时错误。请记住，`tf.GradientTape` 上下文管理器仅在即时执行模式下存在。

为什么需要 `tf.GradientTape` 上下文管理器呢？考虑延迟执行模式，假设我们有一个图，并且知道节点是如何连接的。函数的梯度计算分两步进行：（1）从图的输出到输入进行回溯；（2）计算梯度并得到结果。

相比之下，在即时执行模式下，使用自动微分计算函数梯度的唯一方法是构建一个图。在构建这个图之后，`tf.GradientTape` 上下文管理器通过一些可监控的元素（如变量）执行相应的操作，我们可以指示磁带计算所需的梯度。如果想要更详细的解释，`tf.GradientTape` 文档页面包含了一个解释如何以及为什么需要磁带的示例。

　　tf.GradientTape 上下文管理器的默认行为是将磁带播放一次,然后丢弃磁带。但是,也可以指定一个持久的磁带,这意味着这个磁带可以播放多次。

B.24　tf.GradientTape 的示例

　　清单 B.24 显示了 tf2_gradient_tape1.py 的内容,演示了如何在 TF 2 中调用 tf.GradientTape。

清单 B.24　tf2_gradient_tape1.py

```
import tensorflow as tf

w = tf.Variable([[1.0]])

with tf.GradientTape() as tape:
  loss = w * w

grad = tape.gradient(loss, w)
print("grad:",grad)
```

　　清单 B.24 首先定义了变量 w,后面是一个 with 语句,用表达式 w*w 初始化变量 loss。接下来,用磁带返回的导数初始化变量 grad,并用 w 的当前值进行求解。

　　提醒一下,如果定义函数 z = w*w,那么 z 的一阶导数就是 2*w;当用 w 的值 1.0 进行求解时,结果是 2.0。执行清单 B.24 中的代码,输出结果如下:

```
grad: tf.Tensor([[2.]], shape=(1, 1), dtype=float32)
```

B.24.1　使用 tf.GradientTape 的 watch()方法

　　清单 B.25 显示了 tf2_gradient_tape2.py 的内容,演示了如何使用 tf.GradientTape 的 watch()方法。

清单 B.25　tf2_gradient_tape2.py

```
import tensorflow as tf

x = tf.constant(3.0)

with tf.GradientTape() as g:
  g.watch(x)
  y = 4 * x * x

dy_dx = g.gradient(y, x)
```

　　清单 B.25 包含一个与清单 B.24 类似的 with 语句,但此处还调用了 watch()方法来观察张量 x。如果定义函数 y = 4*x*x,那么 y 的一阶导数就是 8*x;当用值 3.0 进行求解时,结果是 24.0。

　　执行清单 B.25 中的代码,你将看到以下输出:

```
dy_dx: tf.Tensor(24.0, shape=(), dtype=float32)
```

B.24.2　将嵌套的循环用于 tf.GradientTape

清单 B.26 显示了 tf2_gradient_tape3.py 的内容,演示了如何用 tf.GradientTape 来定义嵌套的循环,以计算 TF 2 张量的一阶和二阶导数。

清单 B.26　tf2_gradient_tape3.py

```
import tensorflow as tf

x = tf.constant(4.0)
with tf.GradientTape() as t1:
    with tf.GradientTape() as t2:
        t1.watch(x)
        t2.watch(x)
        z = x * x * x
    dz_dx = t2.gradient(z, x)
d2z_dx2 = t1.gradient(dz_dx, x)
print("First dz_dx: ",dz_dx)
print("Second d2z_dx2:",d2z_dx2)

x = tf.Variable(4.0)
with tf.GradientTape() as t1:
    with tf.GradientTape() as t2:
        z = x * x * x
    dz_dx = t2.gradient(z, x)
d2z_dx2 = t1.gradient(dz_dx, x)

print("First dz_dx: ",dz_dx)
print("Second d2z_dx2:",d2z_dx2)
```

清单 B.26 的第一部分包含一个嵌套的循环,其中当 x 等于 4 时,外部循环计算一阶导数,内部循环计算 x*x*x 的二阶导数。清单 B.26 的第二部分包含另一个嵌套的循环,它能够以稍微不同的语法产生相同的输出。

如果你对导数有点生疏,下面的代码向你展示了一个函数 z、它的一阶导数 z',以及它的二阶导数 z":

```
z = x*x*x
z' = 3*x*x
z'' = 6*x
```

当我们用 x 的值 4.0 来计算 z、z' 和 z"时,结果分别是 64.0、48.0 和 24.0。执行清单 B.26 中的代码,你将看到以下输出:

```
First dz_dx: tf.Tensor(48.0, shape=(), dtype=float32)
Second d2z_dx2: tf.Tensor(24.0, shape=(), dtype=float32)
First dz_dx: tf.Tensor(48.0, shape=(), dtype=float32)
Second d2z_dx2: tf.Tensor(24.0, shape=(), dtype=float32)
```

B.24.3　其他涉及 tf.GradientTape 的 TF 2 张量运算

清单 B.27 显示了 tf2_gradient_tape4.py 的内容,演示了如何使用 tf.GradientTape 计算依赖于 2×2 的 TF 2 张量的表达式的一阶导数。

清单 B.27　tf2_gradient_tape4.py

```
import tensorflow as tf

x = tf.ones((3, 3))

with tf.GradientTape() as t:
    t.watch(x)
    y = tf.reduce_sum(x)
    print("y:",y)
    z = tf.multiply(y, y)
    print("z:",z)
    z = tf.multiply(z, y)
    print("z:",z)

# z 相对于 y 的导数
dz_dy = t.gradient(z, y)
print("dz_dy:",dz_dy)
```

在清单 B.27 中，y 等于 3×3 张量 x 中元素的和，即 9。

接下来，z 被赋予 y*y，然后再次乘以 y，因此 z（及其导数）的最终表达式如下：

```
z = y*y*y
z' = 3*y*y
```

当用 y 的值 9 计算 z'时，结果是 3×9×9，等于 243。执行清单 B.27 中的代码，你将看到以下输出：

```
y: tf.Tensor(9.0, shape=(), dtype=float32)
z: tf.Tensor(81.0, shape=(), dtype=float32)
z: tf.Tensor(729.0, shape=(), dtype=float32)
dz_dy: tf.Tensor(243.0, shape=(), dtype=float32)
```

B.24.4　持久的梯度磁带

清单 B.28 显示了 tf2_gradient_tape5.py 的内容，演示了如何定义一个持久的梯度磁带，以便与 tf.GradientTape 一起使用，进而计算 TF 2 张量的一阶导数。

清单 B.28　tf2_gradient_tape5.py

```
import tensorflow as tf

x = tf.ones((3, 3))

with tf.GradientTape(persistent=True) as t:
    t.watch(x)
    y = tf.reduce_sum(x)
    print("y:",y)
    w = tf.multiply(y, y)
    print("w:",w)
    z = tf.multiply(y, y)
    print("z:",z)
    z = tf.multiply(z, y)
    print("z:",z)

# z 相对于 y 的导数
dz_dy = t.gradient(z, y)
print("dz_dy:",dz_dy)
dw_dy = t.gradient(w, y)
print("dw_dy:",dw_dy)
```

清单 B.28 与清单 B.27 几乎相同，新的部分以粗体显示。注意 w 等于 y*y，因此一阶导数 w' 等于 2*y。当用值 9.0 进行求解时，w 和 w' 的值分别为 81 和 18。执行清单 B.28 中的代码，你将看到以下输出，新的输出以粗体显示：

```
y: tf.Tensor(9.0, shape=(), dtype=float32)
w: tf.Tensor(81.0, shape=(), dtype=float32)
z: tf.Tensor(81.0, shape=(), dtype=float32)
z: tf.Tensor(729.0, shape=(), dtype=float32)
dz_dy: tf.Tensor(243.0, shape=(), dtype=float32)
dw_dy: tf.Tensor(18.0, shape=(), dtype=float32)
```

B.25 谷歌 Colaboratory

根据硬件的不同，在速度上，基于 GPU 的 TF 2 代码通常是基于 CPU 的 TF 2 代码的至少 15 倍。然而，一个好的 GPU 的成本可能是一个十分重要的因素。虽然 NVIDIA 提供了 GPU，但是那些基于消费者的 GPU 并没有针对多 GPU 支持（TF 2 支持）进行优化。

幸运的是，谷歌 Colaboratory 是一个我们所能够负担得起的替代方案，它提供免费的 GPU 和 TPU 支持，并且可以作为 Jupyter Notebook 环境运行。此外，谷歌 Colaboratory 在云上执行代码，并采用零配置。

Jupyter Notebook 适合训练简单模型和快速测试思路。谷歌 Colaboratory 可以轻松上传本地文件，在 Jupyter Notebook 上安装软件，甚至可以将谷歌 Colaboratory 连接到本地机器上的 Jupyter 运行时。

谷歌 Colaboratory 支持的功能包括使用 GPU 执行 TF 2 代码、使用 matplotlib 进行可视化，以及将谷歌 Colaboratory 的 Notebook 副本保存到 GitHub 仓库中。

此外，你可以加载任何保存在 GitHub 仓库中的.ipynb 文件。

谷歌 Colaboratory 还支持 HTML 和 SVG，这使得你能够在谷歌 Colaboratory 的 Notebook 中呈现基于 SVG 的图形。你要记住的一点是，你在谷歌 Colaboratory 的 Notebook 中安装的任何软件都只能在每次谷歌 Colaboratory 会话的基础上提供——如果注销并再次登录，则需要执行与之前的谷歌 Colaboratory 会话中相同的安装步骤。

谷歌 Colaboratory 还有一个非常好的特性——你每天可以在 GPU 上免费执行长达 12 小时的代码。这种免费的 GPU 支持对于本地机器上没有合适 GPU 的人（绝大多数用户）来说非常有用，他们可以在不到 30 分钟的时间内执行 TF 2 代码以训练神经网络，否则他们所需要付出的就是数小时的基于 CPU 的执行时间。

如果感兴趣，你可以使用以下命令在谷歌 Colaboratory 的 Notebook 中启动 TensorBoard（目录需要重新指定）：

```
%tensorboard --logdir /logs/images
```

请牢记以下关于谷歌 Colaboratory 的细节。首先，每当你连接到谷歌 Colaboratory 的服务器时，就开始了所谓的会话。你可以在带有 GPU 或 TPU 的会话中执行代码，也可以在没有任何时间限制的情况下执行代码。但是，如果你为会话选择了 GPU 选项，则只有前 12

小时的 GPU 执行时间是免费的。在同一会话期间，任何额外的 GPU 时间都会产生少量费用。

你要记住的另一点是，在给定会话期间，你在 Jupyter Notebook 中安装的任何软件在你退出该会话时都不会被保存。例如，以下代码将 TFLearn 安装在了 Jupyter Notebook 中：

```
!pip install tflearn
```

当你退出当前会话并在稍后的某个时候开始一个新的会话时，你需要再次安装 TFLearn，以及你在之前的任何会话中安装的任何其他软件（如 GitHub 存储库）。

顺便说一句，你也可以在谷歌 Colaboratory 中运行 TF 2 代码和 TensorBoard，以支持 CPU 和 GPU。

B.26　其他云平台

GCP（Google Cloud Platform，谷歌云平台）是一个基于云的服务，它使得你可以在云端训练 TF 2 代码。

GCP 官网提供了基于不同技术的文档和链接，包括 TF 2 和 PyTorch，以及这些镜像的 GPU 和 CPU 版本。除了支持 Python 的多个版本，你还可以在浏览器会话中或从命令行开展工作。

GCP SDK

可通过 GCP 官网下载软件，并在使用 macOS 系统的笔记本计算机上安装 GCP SDK。如果从未使用过 GCP，那么你还将获得价值 300 美元的信用点数（有效期 3 个月）。

B.27　总结

本附录简要介绍了 TF 2 及其体系结构，还介绍了 TF 2 家族的一些工具。你学习了如何用 TF 2 常量和 TF 2 变量编写包含 TF 2 代码的基本 Python 脚本，你还学习了如何执行算术运算和一些内置的 TF 2 函数。

接下来，你学习了如何计算三角函数值、如何使用 for 循环以及如何计算指数值。你看到了如何对二阶 TF 2 张量执行各种运算。你还看到了阐述如何使用 TF 2 的一些新特性的代码示例，例如@tf.function 修饰器和 tf.GradientTape。

本附录最后介绍了谷歌 Colaboratory，这是一个基于云的机器学习和深度学习环境。这个环境基于 Jupyter Notebook，支持 Python 和其他各种编程语言。谷歌 Colaboratory 还允许你每天免费使用 GPU 长达 12 小时，这是谷歌 Colaboratory 的一个非常好的特性。

附录 C pandas 简介

pandas 为管理数据集提供了一套丰富且强大的 API，这套 API 对涉及数据集的动态切片和切块子集的机器学习和深度学习任务非常有用。

本附录分为 4 部分。本附录的第 1 部分（C.1 节和 C.2 节）简要描述了 pandas 及其一些有用的特征。这一部分包含了说明数据帧的一些良好特性的代码示例，并对序列展开了讨论，这两者是 pandas 的两个重要特性。

本附录的第 2 部分（C.3 节~C.5 节）讨论了可以创建的各种类型的数据帧，如数值数据帧和布尔数据帧。在这一部分，你还能看到使用 NumPy 函数和随机数创建数据帧的示例。

本附录的第 3 部分（C.6 节~C.23 节）展示了如何通过不同方式来操作数据帧的内容。特别是，你会看到如何从 CSV 文件、Excel 电子表格以及通过检索网址而得到的数据中创建 pandas 数据帧的代码示例。在这一部分，你还能看到如何通过 pandas API 执行重要的数据清洗任务。

本附录的第 4 部分（C.24 节）介绍了 Jupyter，它是一个基于 Python 的应用程序，用于在浏览器中显示和执行 Python 代码。

C.1 什么是 pandas

pandas 是一个 Python 包，它与 NumPy、matplotlib 等其他 Python 包兼容。打开一个命令 shell，通过执行如下命令可以为 Python 2.x 安装 pandas：

```
pip install pandas
```

通过执行如下命令可以为 Python 3.x 安装 pandas：

```
pip3 install pandas
```

从许多方面看，pandas 具有电子表格的功能，它也可以处理 XLS、XML、HTML、CSV 等文件类型。pandas 提供了一种称为数据帧（类似于 Python 中的字典）的数据类型，数据帧具有极其强大的功能。

pandas 数据帧支持多种输入类型，如数组、列表、字典或序列。pandas 还提供了另一种数据类型，称为 pandas 序列（本附录中未讨论），这种数据结构提供了另一种管理数据的机制（请在线搜索以了解更多详细信息）。

C.1.1 pandas 数据帧

简言之，pandas 数据帧是一种二维数据结构，用行和列来考虑数据结构很方便。数据帧可以被标记（行和列），列可以包含不同的数据类型。

通过类比，将数据帧看作电子表格的对应部分可能有助于理解，这使得数据帧在 pandas 相关的 Python 脚本中成为非常有用的数据类型。数据集的来源可以是数据文件、数据库表、Web 服务等。pandas 数据帧的特性包括：

- 数据帧方法；
- 数据帧统计；
- 分组、透视和重塑；
- 处理缺失值；
- 连接数据帧。

C.1.2 数据帧和数据清洗任务

你要执行的特定任务取决于数据集的结构和内容。通常，你将按照以下步骤执行工作流（不一定总是按照此顺序），所有这些步骤都可以通过 pandas 数据帧来执行：

（1）将数据读入数据帧；

（2）显示数据帧的最值；

（3）显示列的数据类型；

（4）显示非缺失值；

（5）用一个值替换 NA；

（6）遍历列；

（7）计算每一列的统计数据；

（8）查找缺失值；

（9）得到总的缺失值；

（10）计算缺失值的百分比；

（11）对表格值进行排序；

（12）输出汇总信息；

（13）查找缺失值超过 50% 的列；

（14）重命名列。

C.2 带标签的 pandas 数据帧

清单 C.1 显示了 pandas_labeled_df.py 的内容，演示了如何定义一个 pandas 数据帧，其中行和列都被标签化。

清单 C.1 pandas_labeled_df.py

```
import numpy
import pandas

myarray = numpy.array([[10,30,20], [50,40,60],[1000,2000,3000]])
rownames = ['apples', 'oranges', 'beer']
colnames = ['January', 'February', 'March']
mydf = Pandas.DataFrame(myarray, index=rownames, columns=colnames)
```

```
print(mydf)
print(mydf.describe())
```

清单 C.1 包含两个 import 语句；后面跟着变量 myarray，它是一个 3×3 的 NumPy 数字数组。变量 rownames 和 colnames 分别为 myarray 中的数据提供了行和列的名称。接下来，变量 mydf 被指定的数据源（即 myarray）初始化为 pandas 数据帧。

执行清单 C.1 中的代码，你可能会有点惊讶，输出的第一部分需要一个单独的 print 语句（它只显示 mydf 的内容）。输出的第二部分是通过调用 describe() 方法生成的，该方法可用于任何 NumPy 数据帧，这个方法非常有用：你能看到各种统计量，例如按列（而不是按行）计算的平均值、标准差、最小值和最大值，以及 25%、50% 和 75% 的分位值。清单 C.1 的输出如下：

```
           January      February        March
apples          10            30           20
oranges         50            40           60
beer          1000          2000         3000

           January      February        March
count     3.000000      3.000000     3.000000
mean    353.333333    690.000000  1026.666667
std     560.386771   1134.504297  1709.073823
min      10.000000     30.000000    20.000000
25%      30.000000     35.000000    40.000000
50%      50.000000     40.000000    60.000000
75%     525.000000   1020.000000  1530.000000
max    1000.000000   2000.000000  3000.000000
```

C.3 pandas 数值数据帧

清单 C.2 显示了 pandas_numeric_df.py 的内容，演示了如何定义一个 pandas 数值数据帧，其中行和列都是数值（列标签是字符）。

清单 C.2 pandas_numeric_df.py

```
import pandas as pd

df1 = pd.DataFrame(np.random.randn(10, 4),columns
        =['A','B','C','D'])
df2 = pd.DataFrame(np.random.randn(7, 3), columns
        =['A','B','C'])
df3 = df1 + df2
```

清单 C.2 的本质是初始化数据帧 df1 和 df2，然后将数据帧 df3 定义为 df1 和 df2 的和。清单 C.2 的输出如下：

```
        A         B         C       D
0  0.0457   -0.0141    1.3809     NaN
1 -0.9554   -1.5010    0.0372     NaN
2 -0.6627    1.5348   -0.8597     NaN
3 -2.4529    1.2373   -0.1337     NaN
4  1.4145    1.9517   -2.3204     NaN
5 -0.4949   -1.6497   -1.0846     NaN
6 -1.0476   -0.7486   -0.8055     NaN
7     NaN       NaN       NaN     NaN
8     NaN       NaN       NaN     NaN
9     NaN       NaN       NaN     NaN
```

请记住，涉及数据帧和序列的操作的默认行为是在数据帧的列上对齐序列的索引，这将导致逐行输出。这里有一个简单的例子：

```python
names = pd.Series(['SF', 'San Jose', 'Sacramento'])
sizes = pd.Series([852469, 1015785, 485199])

df = pd.DataFrame({ 'Cities': names, 'Size': sizes })
df = pd.DataFrame({ 'City name': names,'sizes':sizes })

print(df)
```

上述代码的输出如下：

```
   City name     sizes
0        SF     852469
1  San Jose    1015785
2 Sacramento    485199
```

C.4　pandas 布尔数据帧

pandas 支持在数据帧上执行布尔操作，如逻辑"或"、逻辑"与"以及一对数据帧的逻辑"异或"。清单 C.3 显示了 pandas_boolean_df.py 的内容，演示了如何定义一个 pandas 布尔数据帧，其中行和列都是布尔值。

清单 C.3　pandas_boolean_df.py

```python
import pandas as pd

df1 = pd.DataFrame({'a' : [1, 0, 1], 'b' : [0, 1, 1] }, dtype=bool)
df2 = pd.DataFrame({'a' : [0, 1, 1], 'b' : [1, 1, 0] }, dtype=bool)

print("df1 & df2:")
print(df1 & df2)

print("df1 | df2:")
print(df1 | df2)

print("df1 ^ df2:")
print(df1 ^ df2)
```

清单 C.3 的本质是初始化数据帧 df1 和 df2，然后计算 df1 & df2、df1 | df2、df1 ^ df2，它们分别表示逻辑"与"、逻辑"或"、逻辑"异或"。清单 C.3 的输出如下：

```
df1 & df2:
      a      b
0 False  False
1 False   True
2  True  False
df1 | df2:
     a     b
0 True  True
```

```
1 True  True
2 True  True
df1 ^ df2:
      a    b
0  True  True
1  True False
2 False  True
```

转置 pandas 数据帧

T 属性（以及转置函数）让你能够生成 pandas 数据帧的转置，类似于 **NumPy** 的 `ndarray`。例如，下面的代码片段定义了 pandas 数据帧 df1，然后显示 df1 的转置：

```
df1 = pd.DataFrame({'a' : [1, 0, 1], 'b' : [0, 1, 1] },dtype=int)
print("df1.T:")
print(df1.T)
```

输出如下：

```
df1.T:
  0 1 2
a 1 0 1
b 0 1 1
```

下面的代码片段定义了 pandas 数据帧 df1 和 df2，然后显示它们的和：

```
df1 = pd.DataFrame({'a' : [1, 0, 1], ' b' : [0, 1, 1] }, dtype = int)
df2 = pd.DataFrame({'a' : [3, 3, 3], ' b' : [5, 5, 5] }, dtype=int)
print("df1 + df2:")
print(df1 + df2)
```

输出如下：

```
df1 + df2:
   a  b
0  4  5
1  3  6
2  4  6
```

C.5 pandas 数据帧和随机数

清单 C.4 显示了 `pandas_random_df.py` 的内容，演示了如何用随机数定义一个 pandas 数据帧。

清单 C.4 pandas_random_df.py

```
import pandas as pd
import numpy as np

df = pd.DataFrame(np.random.randint(1, 5, size=(5, 2)),columns=['a','b'])
df = df.append(df.agg(['sum', 'mean']))

print("Contents of dataframe:")
print(df)
```

　　清单 C.4 首先定义了一个 5 行 2 列的 pandas 数据帧 df，它由 10 个 1～5 的随机整数构成。请注意，df 的列标签是 a 和 b。接下来，清单 C.4 为 df 增加了两行数据，它们分别是列中的和值与均值。清单 C.4 的输出如下：

```
        a     b
0      1.0   2.0
1      1.0   1.0
2      4.0   3.0
3      3.0   1.0
4      1.0   2.0
sum   10.0   9.0
mean   2.0   1.8
```

C.6　组合 pandas 数据帧（1）

　　清单 C.5 显示了 pandas_combine_df.py 的内容，演示了如何组合 pandas 数据帧。

清单 C.5　pandas_combine_df.py

```python
import pandas as pd
import numpy as np

df = pd.DataFrame({'foo1' : np.random.randn(5),'foo2' : np.random.randn(5)})

print("contents of df:")
print(df)

print("contents of foo1:")
print(df.foo1)

print("contents of foo2:")
print(df.foo2)
```

　　清单 C.5 首先定义了一个 5 行 2 列（列标签是“foo1”和“foo2”）的 pandas 数据帧 df，它由 10 个 0～5 的随机实数构成。接下来，清单 C.5 显示了 df、foo1 和 foo2 的内容。清单 C.5 的输出如下：

```
contents of df:
       foo1        foo2
0   0.274680   -0.848669
1  -0.399771   -0.814679
2   0.454443   -0.363392
3   0.473753    0.550849
4  -0.211783   -0.015014

contents of foo1:
0  0.256773
1  1.204322
2  1.040515
3 -0.518414
4  0.634141
Name: foo1, dtype: float64
```

```
contents of foo2:
0 -2.506550
1 -0.896516
2 -0.222923
3 0.934574
4 0.527033
Name: foo2, dtype: float64
```

C.7 组合 pandas 数据帧（2）

为了连接数据帧，pandas 提供了 concat()方法，清单 C.6 显示了 concat_frames.py 的内容，进一步演示了如何组合两个 pandas 数据帧。

清单 C.6 concat_frames.py

```python
import pandas as pd

can_weather = pd.DataFrame({
        "city": ["Vancouver","Toronto","Montreal"],
        "temperature": [72,65,50],
        "humidity": [40, 20, 25]
})

us_weather = pd.DataFrame({
    "city": ["SF","Chicago","LA"],
    "temperature": [60,40,85],
    "humidity": [30, 15, 55]
})

df = pd.concat([can_weather, us_weather])
print(df)
```

清单 C.6 的第一行是 import 语句；然后定义了 pandas 数据帧 can_weather 和 us_weather，它们分别包含了加拿大和美国一些城市的天气信息。数据帧 df 是 can_weather 和 us_weather 的组合。清单 C.6 的输出如下：

```
0 Vancouver  40 72
1 Toronto    20 65
2 Montreal   25 50
0 SF         30 60
1 Chicago    15 40
2 LA         55 85
```

C.8 pandas 数据帧的数据处理（1）

举个简单的例子，假设我们有一家只有两个员工的公司，通过跟踪每季度的收入和成本，我们想计算每季度的利润/损失和整体利润/损失。

清单 C.7 显示了 pandas_quarterly_df1.py 的内容，演示了如何定义一个包含收入相关值的 pandas 数据帧。

清单 C.7　pandas_quarterly_df1.py

```
import pandas as pd

summary = {
    'Quarter': ['Q1', 'Q2', 'Q3', 'Q4'],
    'Cost': [23500, 34000, 57000, 32000],
    'Revenue': [40000, 60000, 50000, 30000]
}

df = pd.DataFrame(summary)

print("Entire Dataset:\n",df)
print("Quarter:\n",df.Quarter)
print("Cost:\n",df.Cost)
print("Revenue:\n",df.Revenue)
```

清单 C.7 定义了变量 summary，其中包含关于这家公司的成本和收入的硬编码季度信息。一般来说，这些硬编码的季度信息会被来自另一个数据源（如 CSV 文件）的数据替换，因此可以将这个代码示例视为说明 pandas 数据帧中可用功能的简要说明方式。

变量 df 是一个 pandas 数据帧，它主要基于 summary 变量中的数据。3 个 print 语句分别用于显示季度以及每季度的成本和收入。

清单 C.7 的输出如下：

```
Entire Dataset:
    Cost   Quarter   Revenue
0   23500   Q1        40000
1   34000   Q2        60000
2   57000   Q3        50000
3   32000   Q4        30000
Quarter:
0    Q1
1    Q2
2    Q3
3    Q4
Name: Quarter, dtype: object
Cost:
0    23500
1    34000
2    57000
3    32000
Name: Cost, dtype: int64
Revenue:
0    40000
1    60000
2    50000
3    30000
Name: Revenue, dtype: int64
```

C.9　pandas 数据帧的数据处理（2）

继续前面的例子，清单 C.8 显示了 pandas_quarterly_df2.py 的内容。

清单 C.8　pandas_quarterly_df2.py

```
import pandas as pd

summary = {
    'Quarter': ['Q1', 'Q2', 'Q3', 'Q4'],
    'Cost': [-23500, -34000, -57000, -32000],
    'Revenue': [40000, 60000, 50000, 30000]
}

df = pd.DataFrame(summary)
print("First Dataset:\n",df)

df['Total'] = df.sum(axis=1)
print("Second Dataset:\n",df)
```

清单 C.8 的输出如下：

```
First Dataset:
     Cost  Quarter  Revenue
0 -23500       Q1    40000
1 -34000       Q2    60000
2 -57000       Q3    50000
3 -32000       Q4    30000
Second Dataset:
     Cost  Quarter  Revenue   Total
0 -23500       Q1    40000   16500
1 -34000       Q2    60000   26000
2 -57000       Q3    50000   -7000
3 -32000       Q4    30000   -2000
```

C.10　pandas 数据帧的数据处理（3）

继续前面的例子，清单 C.9 显示了 `pandas_quarterly_df3.py` 的内容。

清单 C.9　pandas_quarterly_df3.py

```
import pandas as pd

summary = {
    'Quarter': ['Q1', 'Q2', 'Q3', 'Q4'],
    'Cost': [-23500, -34000, -57000, -32000],
    'Revenue': [40000, 60000, 50000, 30000]
}

df = pd.DataFrame(summary)
print("First Dataset:\n",df)

df['Total'] = df.sum(axis=1)
df.loc['Sum'] = df.sum()
print("Second Dataset:\n",df)
```

```
# or df.loc['avg'] / 3
#df.loc['avg'] = df[:3].mean()
#print("Third Dataset:\n",df)
```

清单 C.9 的输出如下：

```
First Dataset:
     Cost  Quarter  Revenue
0  -23500      Q1    40000
1  -34000      Q2    60000
2  -57000      Q3    50000
3  -32000      Q4    30000
Second Dataset:
     Cost  Quarter  Revenue   Total
0  -23500      Q1    40000   16500
1  -34000      Q2    60000   26000
2  -57000      Q3    50000   -7000
3  -32000      Q4    30000   -2000
Sum -146500 Q1Q2Q3Q4 180000   33500
```

C.11 pandas 数据帧和 CSV 文件

前面的代码示例包含 Python 脚本中的硬编码数据。此外，从 CSV 文件中读取数据也很常见。你可以使用 Python 的 CSV.reader() 函数、NumPy 的 loadtxt() 函数或者 pandas 的 read_csv() 函数来读取 CSV 文件的内容。

清单 C.10 显示了 CSV 文件 weather_data.csv 的内容，清单 C.11 显示了 weather_data.py 的内容，演示了如何读取 CSV 文件，用 CSV 文件的内容初始化 pandas 数据帧，以及显示 pandas 数据帧中的各种数据子集。

清单 C.10　weather_data.csv

```
day,temperature,windspeed,event
7/1/2018,42,16,Rain
7/2/2018,45,3,Sunny
7/3/2018,78,12,Snow
7/4/2018,74,9,Snow
7/5/2018,42,24,Rain
7/6/2018,51,32,Sunny
```

清单 C.11　weather_data.py

```
import pandas as pd

df = pd.read_csv("weather_data.csv")

print(df)
print(df.shape) # 行，列
print(df.head())
print(df.tail())
print(df[1:3])
```

```
print(df.columns)
print(type(df['day']))
print(df[['day','temperature']])
print(df['temperature'].max())
```

清单 C.11 调用 pandas 的 `read_csv()` 函数来读取 CSV 文件 weather_data.csv 的内容，后面跟着一些 print 语句，用于显示这个 CSV 文件的各个部分。

清单 C.11 的输出如下：

```
        day  temperature  windspeed  event
0  7/1/2018           42         16   Rain
1  7/2/2018           45          3  Sunny
2  7/3/2018           78         12   Snow
3  7/4/2018           74          9   Snow
4  7/5/2018           42         24   Rain
5  7/6/2018           51         32  Sunny
(6, 4)
        day  temperature  windspeed  event
0  7/1/2018           42         16   Rain
1  7/2/2018           45          3  Sunny
2  7/3/2018           78         12   Snow
3  7/4/2018           74          9   Snow
4  7/5/2018           42         24   Rain
        day  temperature  windspeed  event
1  7/2/2018           45          3  Sunny
2  7/3/2018           78         12   Snow
3  7/4/2018           74          9   Snow
4  7/5/2018           42         24   Rain
5  7/6/2018           51         32  Sunny
        day  temperature  windspeed  event
1  7/2/2018           45          3  Sunny
2  7/3/2018           78         12   Snow
Index(['day', 'temperature', 'windspeed', 'event'],
      dtype='object')
<class 'pandas.core.series.Series'>
        day  temperature
0  7/1/2018           42
1  7/2/2018           45
2  7/3/2018           78
3  7/4/2018           74
4  7/5/2018           42
5  7/6/2018           51
78
```

在某些情况下，你可能需要根据应用于列值的条件，采用布尔条件逻辑来筛选出一些数据行。

清单 C.12 显示了 CSV 文件 people.csv 的内容，清单 C.13 显示了 people_pandas.py 的内容，演示了如何定义一个读取 CSV 文件并处理数据的 pandas 数据帧。

清单 C.12　people.csv

```
fname,lname,age,gender,country
john,smith,30,m,usa
jane,smith,31,f,france
jack,jones,32,f,france
dave,stone,33,f,france
```

```
sara,stein,34,f,france
eddy,bower,35,f,france
```

清单 C.13　people_pandas.py

```python
import pandas as pd

df = pd.read_csv('people.csv')
df.info()
print('fname:')
print(df['fname'])
print('------------')
print('age over 33:')
print(df['age'] > 33)
print('------------')
print('age over 33:')
myfilter = df['age'] > 33
print(df[myfilter])
```

清单 C.13 从使用 CSV 文件 people.csv 的内容填充 pandas 数据帧 df 开始。清单 C.13
的下一部分显示了 df 的结构，后面是所有人的名字。接下来，清单 C.13 显示了一个由 6 行组
成的列表，判断条件为一个人的年龄是否超过 33 岁。清单 C.13 的最后一部分显示了一个由两行
组成的列表，其中包含了年龄超过 33 岁的人的所有详细信息。清单 C.13 的输出如下：

```
myfilter = df['age'] > 33
<class 'pandas.core.frame.DataFrame'>
RangeIndex: 6 entries, 0 to 5
Data columns (total 5 columns):
fname      6 non-null object
lname      6 non-null object
age        6 non-null int64
gender     6 non-null object
country    6 non-null object
dtypes: int64(1), object(4)
memory usage: 320.0+ bytes
fname:
0 john
1 jane
2 jack
3 dave
4 sara
5 eddy
Name: fname, dtype: object
------------
age over 33:
0 False
1 False
2 False
3 False
4 True
5 True
Name: age, dtype: bool
------------
age over 33:
  fname  lname  age  gender  country
4  sara  stein   34       f   france
5  eddy  bower   35       f   france
```

C.12 pandas 数据帧和 Excel 电子表格（1）

清单 C.14 显示了 `people_xlsx.py` 的内容，演示了如何从 Excel 电子表格中读取数据，并使用这些数据创建 pandas 数据帧。

清单 C.14 people_xlsx.py

```
import pandas as pd

df = pd.read_excel("people.xlsx")
print("Contents of Excel spreadsheet:")
print(df)
```

清单 C.14 很直接：通过 pandas 函数 `read_excel()`，用电子表格 `people.xlsx` 的内容（与清单 C.12 中显示的 `people.csv` 的内容相同）对 pandas 数据帧 `df` 进行初始化。清单 C.14 的输出如下：

```
   fname  lname  age  gender  country
0  john   smith   30      m      usa
1  jane   smith   31      f   france
2  jack   jones   32      f   france
3  dave   stone   33      f   france
4  sara   stein   34      f   france
5  eddy   bower   35      f   france
```

C.13 pandas 数据帧和 Excel 电子表格（2）

清单 C.15 显示了 `employees_xlsx.py` 的内容，进一步演示了如何从 Excel 电子表格中读取数据，并使用这些数据创建 pandas 数据帧。

清单 C.15 employees_xlsx.py

```
import pandas as pd

df = pd.read_excel("employees.xlsx")
print("Contents of Excel spreadsheet:")
print(df)

print("Q1 sum, mean, min, max:")
print(df["q1"].sum(), df["q1"].mean(),df["q1"]. min(),df["q1"].max())

print("Q2 sum, mean, min, max:")
print(df["q2"].sum(), df["q2"].mean(),df["q2"]. min(),df["q2"].max())

print("Q3 sum, mean, min, max:")
print(df["q3"].sum(), df["q3"].mean(),df["q3"]. min(),df["q3"].max())

print("Q4 sum, mean, min, max:")
```

```
print(df["q4"].sum(), df["q4"].mean(),df["q4"]. min(),df["q4"].max())

sum_col=df[["q1","q2","q3","q4"]].sum()
print("Quarter totals:")
print(sum_col)
df = pd.read_excel("people.xlsx")
print("Contents of Excel spreadsheet:")
print(df)
```

清单 C.15 从读取电子表格 employees.xlsx 的内容开始。然后将读取的内容插入 pandas 数据帧 df 中，就像你在清单 C.14 中看到的那样。清单 C.15 的其余部分显示了各种统计值，例如第 1 季度～第 4 季度的汇总值、平均值、最小值和最大值。清单 C.15 的输出如下：

```
Contents of Excel spreadsheet:
     id fname lname  gender     title     q1
0  1000  john  smith      m marketing  20000
1  2000  jane  smith      f developer  30000
2  3000  jack  jones      m     sales  10000
3  4000  dave  stone      m   support  15000
4  5000  sara  stein      f   analyst  25000
5  6000  eddy  bower      m developer  14000
      q2    q3    q4  country
0  12000 18000 25000      usa
1  15000 11000 35000   france
2  19000 12000 15000      usa
3  17000 14000 18000   france
4  22000 18000 28000    italy
5  32000 28000 10000   france

Q1 sum, mean, min, max:
114000 19000.0 10000 30000
Q2 sum, mean, min, max:
117000 19500.0 12000 32000
Q3 sum, mean, min, max:
101000 16833.333333333332 11000 28000
Q4 sum, mean, min, max:
131000 21833.333333333332 10000 35000
Quarter totals:
q1 114000
q2 117000
q3 101000
q4 131000
dtype: int64
Contents of Excel spredsheet:
  fname lname  age  gender  country
0  john smith   30       m      usa
1  jane smith   31       f   france
2  jack jones   32       f   france
3  dave stone   33       f   france
4  sara stein   34       f   france
```

C.14　读取具有不同分隔符的数据文件

本节提供了一个读取具有不同分隔符的文本文件的示例。在该文本文件中，一些行使用空格作为分隔符，其他行则以空格开头并使用冒号“:”以及空格作为分隔符。

清单 C.16 显示了具有不同分隔符的 multiple_delims.dat 的内容；清单 C.17 则显示了 multiple_delims.py 的内容，演示了如何将 multiple_delims.dat 的内容读入 pandas 数据帧。

清单 C.16 multiple_delims.dat

```
c stuff
c more header
c begin data
1 1:.5
1 2:6.5
1 3:5.3
```

清单 C.17 multiple_delims.py

```python
import pandas as pd

df = pd.read_csv('multiple_delims.dat', skiprows=3,
                names=['a', 'b', 'c'],
                sep=' |:', engine='python')

print("dataframe:")
print(df)
print(data.head())
```

清单 C.17 调用了 pandas 的 read_csv() 函数，从而将 multiple_delims.dat 的内容读入 pandas 数据帧 df。清单 C.17 的输出如下，请与清单 C.16 的内容进行比较，以帮助理解清单 C.17 中的代码。

```
dataframe:
  a b   c
0 1 1 0.5
1 1 2 6.5
2 1 3 5.3
```

C.15 使用 sed 命令转换数据（可选）

C.14 节提供了一个使用具有不同分隔符的数据文件的示例，但它有一个限制：第一组的行必须具有相同的类型，第二组的行也必须具有相同的类型。

然而，你使用的数据集可能是异构的，其中的一系列行按随机顺序排列，每行包含多个分隔符。本节提供的解决方案包括 3 个文件：初始的随机化数据集 multiple_delims2.dat、用于创建名为 multiple_delims2b.dat 的干净数据集的 shell 脚本 multiple_delims2.sh，以及读取 multiple_delims2b.dat 中的数据到 pandas 数据帧的 Python 脚本 multiple_delims2b.py。

清单 C.18 显示了数据集 multiple_delims2.dat 的内容，该数据集在多行中包含了混合分隔符（以随机顺序）。

清单 C.18　multiple_delims2.dat

```
1000|Jane:Edwards^Sales
2000:Tom:Smith^Development
3000|Dave:Del Ray^Marketing
4000^Steven^Andrews:Marketing
```

清单 C.19 显示了 shell 脚本 multiple_delims2.sh 的内容，该 shell 脚本用于将数据集 multiple_delims2.dat 转换为数据集 multiple_delims2b.dat，后者在每行的列之间只使用一个逗号作为分隔符。

清单 C.19　multiple_delims2.sh

```
inputfile="multiple_delims2.dat"
cat $inputfile | sed -e 's/:/,/' -e 's/|/,/' -e
  's/\^/,/g'
```

清单 C.19 指定了一个文本文件，其中的内容可以通过管道传输到 UNIX 的 sed 命令，sed 命令会用逗号替换出现的所有分隔符，包括 ":" "|" 和 "^"。sed 命令中的参数 g 确保了替换是全局执行的。结果将只包含一个 ","作为分隔符（如清单 C.20 所示）。

打开一个命令 shell，导航到包含清单 C.19 所示 shell 脚本的目录，执行以下命令对：

```
chmod +x multiple_delims2.sh
./multiple_delims2.sh > multiple_delims2b.dat
```

清单 C.20 显示了前面创建的 multiple_delims2b.dat 的内容。

清单 C.20　multiple_delims2b.dat

```
1000,Jane,Edwards,Sales
2000,Tom,Smith,Development
3000,Dave,Del Ray,Marketing
4000,Steven,Andrews,Marketing
```

清单 C.21 显示了 multiple_delims2b.py 的内容，演示了如何将 multiple_delims2b.dat 的内容读入 pandas 数据帧。

清单 C.21　multiple_delims2b.py

```
import pandas as pd

df = pd.read_csv('multiple_delims2b.dat',
            names=['a', 'b', 'c', 'd'],
            sep=',', engine='python')
print("dataframe:")
print(df)
```

清单 C.21 首先导入 pandas，然后用文本文件 multiple_delims2b.dat 的内容初始化变量 df。清单 C.21 的输出如下：

```
dataframe:
      a       b        c            d
0  1000    Jane  Edwards        Sales
1  2000     Tom    Smith  Development
2  3000    Dave  Del Ray    Marketing
3  4000  Steven  Andrews    Marketing
```

C.16 选择、添加和删除数据帧中的列

本节包含一些简短的代码片段，演示了如何对数据帧执行类似于 Python 字典的操作。获取、设置和删除列的语法与类似的 Python 字典操作相同，如下所示：

```
df = pd.DataFrame.from_dict(dict([('A',[1,2,3]),
        ('B',[4,5,6])]),orient='index', columns=['one', 'two', 'three'])

print(df)
```

上述代码片段的输出如下：

```
  one two three
a  1   2    3
b  4   5    6
```

我们再来看一下对数据帧 df 的内容进行操作的指令（假设已经有 4 行数据）：

```
df['three']= df['one']* df['two']
df['flag']= df['one']> 2
print(df)
```

上述代码片段的输出如下：

```
    one   two  three   flag
a   1.0   1.0    1.0  False
b   2.0   2.0    4.0  False
c   3.0   3.0    9.0   True
d   NaN   4.0    NaN  False
```

你可以像 Python 字典一样删除或弹出列，如下所示：

```
del df['two']
three = df.pop('three')
print(df)
```

上述代码片段的输出如下：

```
  one flag
a 1.0 False
b 2.0 False
c 3.0 True
d NaN False
```

当插入一个标量值时，这个标量值会自动地填充它所在的列：

```
df['foo'] = 'bar'
print(df)
```

上述代码片段的输出如下：

```
  one  flag  foo
a 1.0 False  bar
```

```
b 2.0 False  bar
c 3.0  True  bar
d NaN False  bar
```

当插入一个与数据帧索引不同的序列时,它将转为符合数据帧的索引:

```
df['one_trunc'] = df['one'][:2]
print(df)
```

上述代码片段的输出如下:

```
  one  flag  foo  one_trunc
a 1.0 False  bar        1.0
b 2.0 False  bar        2.0
c 3.0  True  bar        NaN
d NaN False  bar        NaN
```

也可以插入一些 ndarray 数组,但它们的长度必须与数据帧的索引长度相匹配。

C.17   pandas 数据帧和散点图

清单 C.22 显示了 pandas_scatter_df.py 的内容,演示了如何从 pandas 数据帧生成散点图。

清单 C.22   pandas_scatter_df.py

```python
import numpy as np
import pandas as pd
import matplotlib.pyplot as plt
from pandas import read_csv
from pandas.plotting import scatter_matrix

myarray = np.array([[10,30,20],
      [50,40,60],[1000,2000,3000]])

rownames = ['apples', 'oranges', 'beer']
colnames = ['January', 'February', 'March']

mydf = pd.DataFrame(myarray, index=rownames, columns=colnames)

print(mydf)
print(mydf.describe())

scatter_matrix(mydf)
plt.show()
```

清单 C.22 从各种 import 语句开始,然后定义了 NumPy 数组 myarray。接下来,分别用行和列的值初始化变量 rownames 和 colnames。清单 C.22 的下一部分初始化 pandas 数据帧 mydf,以便在输出中标记行和列,如下所示:

```
        January   February    March
apples       10         30       20
oranges      50         40       60
beer       1000       2000     3000
```

```
            January       February         March
count      3.000000       3.000000      3.000000
mean     353.333333     690.000000   1026.666667
std      560.386771    1134.504297   1709.073823
min       10.000000      30.000000     20.000000
25%       30.000000      35.000000     40.000000
50%       50.000000      40.000000     60.000000
75%      525.000000    1020.000000   1530.000000
max     1000.000000    2000.000000   3000.0000000
```

C.18 pandas 数据帧和直方图

清单 C.23 显示了 `pandas_histograms.py` 的内容，演示了如何从 pandas 数据帧生成直方图。

清单 C.23 pandas_histograms.py

```python
import pandas as pd

df = pd.read_csv("housing.csv")

print(df.head())
print(df.info())
print(df.describe())

import matplotlib.pyplot as plt
df.hist(bins=50, figsize=(20,15))
#save_fig("housing_histograms")
plt.show()
```

清单 C.23 首先用 CSV 文件 `housing.csv` 的内容初始化 pandas 数据帧 `df`；然后显示 `df` 的各个部分，例如其中的前 5 行以及关于 `df` 结构的信息。

清单 C.23 的下一部分导入了 `pyplot` 类，这样就可以在 `df` 中显示数据的散点图：这是通过调用 `df` 的 `hist()` 方法来完成的。后面是实际显示散点图的 `plt.show()` 命令。清单 C.23 的输出如下：

```
Unnamed:
    0  price   lotsize  bedrooms  bathrms  stories  driveway  recroom
0   1  42000.0  5850      3         1        2        yes       no
1   2  38500.0  4000      2         1        1        yes       no
2   3  49500.0  3060      3         1        1        yes       no
3   4  60500.0  6650      3         1        2        yes       yes
4   5  61000.0  6360      2         1        1        yes       no

   fullbase  gashw   airco  garagepl  prefarea
0    yes      no     no      1         no
1    no       no     no      0         no
2    no       no     no      0         no
3    no       no     no      0         no
4    no       no     no      0         no

<class 'pandas.core.frame.DataFrame'>
RangeIndex: 546 entries, 0 to 545
Data columns (total 13 columns):
Unnamed: 0  546 non-null int64
price       546 non-null float64
```

```
lotsize      546 non-null int64
bedrooms     546 non-null int64
bathrms      546 non-null int64
stories      546 non-null int64
driveway     546 non-null object
recroom      546 non-null object
fullbase     546 non-null object
gashw        546 non-null object
airco        546 non-null object
garagepl     546 non-null int64
prefarea     546 non-null object
dtypes: float64(1), int64(6), object(6)
memory usage: 55.5+ KB
None
Unnamed:
                0          price          lotsize      bedrooms
count 546.000000     546.000000       546.000000    546.000000
mean  273.500000   68121.597070      5150.265568      2.965201
std   157.760895   26702.670926      2168.158725      0.737388
min     1.000000   25000.000000      1650.000000      1.000000
25%   137.250000   49125.000000      3600.000000      2.000000
50%   273.500000   62000.000000      4600.000000      3.000000
75%   409.750000   82000.000000      6360.000000      3.000000
max   546.000000  190000.000000     16200.000000      6.000000
          bathrms       stories       garagepl
count  546.000000    546.000000     546.000000
mean     1.285714      1.807692       0.692308
std      0.502158      0.868203       0.861307
min      1.000000      1.000000       0.000000
25%      1.000000      1.000000       0.000000
50%      1.000000      2.000000       0.000000
75%      2.000000      2.000000       1.000000
max      4.000000      4.000000       3.000000
```

执行清单 C.23 中的代码，生成的直方图如图 C.1 所示。

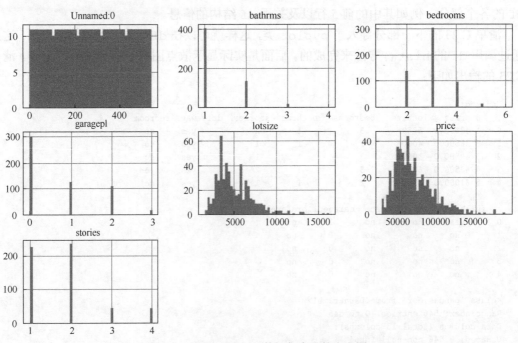

图 C.1　从 housing.csv 数据集生成的直方图

C.19 pandas 数据帧和简单统计

清单 C.24 显示了 `housing_stats.py` 的内容，演示了如何从 pandas 数据帧的数据中收集基本统计数据。

清单 C.24 housing_stats.py

```
import pandas as pd

df = pd.read_csv("housing.csv")

minimum_bdrms = df["bedrooms"].min()
median_bdrms = df["bedrooms"].median()
maximum_bdrms = df["bedrooms"].max()

print("minimum # of bedrooms:",minimum_bdrms)
print("median # of bedrooms:",median_bdrms)
print("maximum # of bedrooms:",maximum_bdrms)
print("")

print("median values:",df.median().values)
print("")

prices = df["price"]
print("first 5 prices:")
print(prices.head())
print("")

median_price = df["price"].median()
print("median price:",median_price)
print("")

corr_matrix = df.corr()
print("correlation matrix:")
print(corr_matrix["price"].sort_values(ascending=False))
```

清单 C.24 首先用 CSV 文件 `housing.csv` 的内容初始化 pandas 数据帧 `df`。接下来的 3 个变量分别用卧室数量的最小值、中值和最大值进行初始化，然后显示这些值。

清单 C.24 的下一部分用 pandas 数据帧 `df` 的 price 列的内容初始化变量 `prices`。接下来，通过 `prices.head()` 语句输出其中的前 5 行，然后输出价格的中值。

清单 C.24 的最后一部分用 pandas 数据帧 `df` 的相关矩阵的内容初始化变量 `corr_matrix`，然后显示其中的内容。清单 C.24 的输出如下：

```
Apples
10
```

C.20 pandas 数据帧的标准化

清单 C.25 显示了 `pandas_standardize_df.py` 的内容，演示了如何对 pandas 数据帧

进行标准化。

清单 C.25　pandas_standardize_df.py

```
# 标准化数据(0 mean, 1 stdev)
from sklearn.preprocessing import StandardScaler
from pandas import read_csv
import numpy

names = ['preg','plas','pres','skin','test','mass','pedi','age','class']
dataframe = read_csv('pima-indians-diabetes.data.csv', names=names)
array = dataframe.values

# 将数组分为输入部分和输出部分
X = array[:,0:8]
Y = array[:,8]
scaler = StandardScaler().fit(X)
rescaledX = scaler.transform(X)

# 汇总转换后的数据
numpy.set_printoptions(precision=3)
print(rescaledX[0:5,:])
```

清单 C.25 从 sklearn 包中导入了 StandardScaler 类，以便对数据值进行缩放，使它们的均值为 0，标准差为 1。

变量 names 包含一个列名数组，用于标记基于 CSV 的数据的列。接下来，用基于 CSV 的数据内容对变量 dataframe 进行初始化（从 url 变量指定的位置开始进行检索）。

清单 C.25 的下一部分用变量 dataframe 中的值初始化变量 array。接下来，用变量 array 中每行最左边的 8 列数据初始化变量 X，而用变量 array 第 9 列的数据初始化变量 Y。清单 C.25 的下一部分调用了 StandardScaler 类的 fit() 方法，以便拟合包含在 X 中的数据，结果用于初始化变量 scaler。接下来，对 X 的内容调用 transform() 方法，将结果用于初始化变量 rescaledX，这就结束了所需的数据转换过程。

清单 C.25 的最后一部分显示了变量 scaler 的前 5 行中的所有列。清单 C.25 的输出如下：

```
minimum # of bedrooms: 1
median # of bedrooms: 3.0
maximum # of bedrooms: 6

median values: [2.735e+02 6.200e+04 4.600e+03
3.000e+00 1.000e+00 2.000e+00 0.000e+00]

first 5 prices:
0 42000.0
1 38500.0
2 49500.0
3 60500.0
4 61000.0
Name: price, dtype: float64

median price: 62000.0

correlation matrix:
price     1.000000
```

```
lotsize      0.535796
bathrms      0.516719
stories      0.421190
garagepl     0.383302
Unnamed: 0   0.376007
bedrooms     0.366447
```

C.21 pandas 数据帧、NumPy 函数和大型数据集

pandas 数据帧包含数值型数据,它们可以和 NumPy 函数一起使用,如 log、exp 和 sqrt 以及其他各种 NumPy 函数。下面是一些例子。

```
df.exp(df)
np.asarray(df)
df.T.dot(df)    # 矩阵乘法
```

其中的 dot 方法实现了点积:

```
s1 = pd.Series(np.arange(5,10))
s1.dot(s1)
```

然而,pandas 数据帧并不能直接替代 ndarray,因为 pandas 数据帧的一些索引语义与矩阵有很大的不同。

你可能面临的另一个挑战是,如何处理超出机器内存的大型数据集?解决方案包括使用分块技术——将部分数据读入内存。分块使你能够将文件中的数据流式传输到 pandas 数据帧中,并且可以指定数据块中的行数。这里显示了一个使用分块技术的例子:

```
import pandas as pd
mydata = pd.DataFrame()

#基于你的需求修改数据块的大小
for chunk in pd.read_csv('myfile.csv',iterator=True, chunksize=5000):
    mydata = pd.concat([mydata, chunk], ignore_index=True)
```

C.22 使用 pandas 序列

pandas 序列是一维的标记数组,其中可以填充任何数据类型:整数、字符串、浮点数、Python 对象等。轴的标签统称为索引。

在 Python REPL 中创建一个 pandas 序列,如下所示:

```
>>> s = pd.Series(data, index=index)
```

变量 data 可以是标量值、Python 字典、ndarray 等。变量 index 是轴标签的列表,由不同的可能值组成。

C.22.1　数据来自 ndarray

假设如下代码中的变量 data 是一个 ndarray，则索引必须与变量 data 的长度相同：

```
>>> s = pd.Series(data, index=index)
```

但是，如果没有传递索引，那么索引将被自动创建，值为 [0, ..., len(data) -1]。下面是一个例子：

```
>>> s = pd.Series(np.random.randn(5), index=['a', 'b','c', 'd', 'e'])
>>> s
```

在 Python REPL 中，上述代码片段的输出如下：

```
a  0.4691
b -0.2829
c -1.5091
d -1.1356
e 1.2121
dtype: float64
>> s.index
```

下面是另一个例子：

```
Index(['a', 'b', 'c', 'd', 'e'], dtype='object')
>>> pd.Series(np.random.randn(5))
```

在 Python REPL 中，上述代码片段的输出如下：

```
0  -0.1732
1   0.1192
2  -1.0442
3  -0.8618
4  -2.1046
dtype: float64
```

请注意，pandas 支持非唯一索引值。但是，如果调用了不支持重复索引值的操作，并且指定了具有重复索引值的数据，就会引发异常。

下面的 pandas 序列是使用 Python 字典进行实例化的：

```
>>> d = {'b' : 1, 'a' : 0, 'c' : 2}
>>> pd.Series(d)
```

Python REPL 中的输出如下：

```
b 1
a 0
c 2
dtype: int64
```

C.22.2　来自 pandas 序列的 pandas 数据帧

清单 C.26 显示了 pandas_df.py 的内容，演示了如何用来自 pandas 序列的数据创建

pandas 数据帧。

清单 C.26   pandas_df.py

```
import pandas as pd

names = pd.Series(['SF', 'San Jose', 'Sacramento'])
sizes = pd.Series([852469, 1015785, 485199])

df = pd.DataFrame({ 'Cities': names, 'Size': sizes })
df = pd.DataFrame({ 'City name': names,'sizes': sizes })

print('df:',df)
```

清单 C.26 很简单：首先，分别用城市和邮政编码初始化 pandas 序列的名称和大小；然后创建 pandas 数据帧 df，其中包含 pandas 序列的名称和大小。清单 C.26 的输出如下：

```
('df:',
     City name   Sizes
0          SF   852469
1    San Jose  1015785
2  Sacramento   485199)
```

C.23   pandas 中有用的单行命令

本节包含 pandas 中的单行命令的折中组合（其中一些组合你已经在本附录中见到过），它们有助于你了解以下内容。

将数据帧保存到 CSV 文件（逗号分隔且无索引）中：

```
df.to_csv("data.csv", sep= ",", index=False)
```

列出数据帧的列名：

```
df.columns
```

从数据帧中删除缺失值：

```
df.dropna(axis=0, how='any')
```

替换数据帧中的缺失值：

```
df.replace(to_replace=None, value=None)
```

检查数据帧中的非数字值：

```
pd.isnull(object)
```

从数据帧中删除特征：

```
df.drop('feature_variable_name', axis=1)
```

在数据帧中将对象类型转换为浮点类型：

```
pd.to_numeric(df["feature_name"], errors='coerce')
```

将数据帧中的数据转换为 NumPy 数组:

```
df.as_matrix()
```

显示数据帧的前 n 行:

```
df.head(n)
```

从数据帧中按照特征名称获取数据:

```
df.loc[feature_name]
```

将函数应用于数据帧——将数据帧的 height 列中的所有值乘以 3:

```
df["height"].apply(lambda height: 3 * height)
```

或

```
def multiply(x):
    return x * 3
df["height"].apply(multiply)
```

将数据帧的第 4 列重命名为 height:

```
df.rename(columns = {df.columns[3]:'height'},inplace=True)
```

获取数据帧的 first 列中的唯一条目:

```
df["first"].unique()
```

从现有的数据帧创建新的数据帧,其中包含原数据帧的第一列和最后一列:

```
new_df = df[["name", "size"]]
```

对数据帧中的数据进行排序:

```
df.sort_values(ascending = False)
```

筛选名为 size 的列,只显示其中值等于 7 的数据:

```
df[df["size"] == 7]
```

选择数据帧的 height 列中的第 1 行:

```
df.loc([0], ['height'])
```

本附录中与 pandas 相关的内容到此结束。C.24 节包含对 Jupyter 的简要介绍,Jupyter 是一个基于 Flask 的 Python 应用程序,它让你可以在浏览器中执行 Python 代码。作为 Python 脚本的替代,你可以使用 Jupyter Notebook,它支持执行 Python 代码的各种交互特性。此外,若你决定使用谷歌 Colaboratory,这将十分有助于你了解 Jupyter,谷歌 Colaboratory 也支持在浏览器中运行 Jupyter Notebook。

C.24 什么是 Jupyter

Jupyter Notebook 是一个开源的 Web 应用程序，用于创建和共享文档。此外，这样的文档可以包含代码、公式、可视化和文本的组合。

Jupyter 很受数据科学家、Python 开发者甚至物理学家欢迎，因为它使得代码的共享轻而易举。此外，谷歌 Colaboratory 支持 Jupyter Notebook 以及一些额外的功能。

C.24.1 Jupyter 特性

缘于其易用性和强大的功能，Jupyter 在各个社区获得了巨大的支持。Jupyter 的一些特性如下：

- 支持多种编程语言；
- 支持 Python 2 和 Python 3；
- 共享 Notebook；
- 导入 Notebook；
- 下载 Notebook；
- 产生不同类型的输出；
- 大数据集成；
- 多用户版本；
- 用户管理和认证。

特别是 Jupyter Notebook，它支持 40 多种编程语言，包括 Python、R、Julia 和 Scala 等。Jupyter Notebook 可以通过电子邮件、Dropbox、GitHub 和 Jupyter Notebook 查看器轻松共享。Jupyter Notebook 支持交互式输出，其中包含 HTML、图像、视频、LaTeX 和自定义 MIME 类型的组合。

另外，Jupyter Notebook 支持大数据集成，比如 Apache Spark，其中的数据是由 Python、R 和 Scala 生成的。Jupyter Notebook 的多用户版本也是可用的，它专为公司、教室和研究实验室而设计。你还可以使用 OAuth 管理多个用户和身份验证，并轻松地将 Jupyter Notebook 部署给组织的所有用户。

C.24.2 从命令行启动 Jupyter

从命令行启动 Jupyter 也很简单。首先打开一个命令 shell，然后导航到包含 Jupyter Notebook 的 `basic-stuff.ipynb` 所在的目录，即可使用以下命令启动 Jupyter：

```
jupyter notebook
```

稍等一会儿，一个新的浏览器会话就会自动打开，你将看到当前目录中的文件列表。

C.24.3   JupyterLab

JupyterLab 是一个针对包含代码和数据的 notebook 的交互式开发环境，也完全支持 Jupyter Notebook。JupyterLab 还使你能够在选项卡式工作区中与 notebook 并排使用文本编辑器、终端、数据文件查看器和其他自定义组件。

JupyterLab 在 notebook、文档和活动之间提供了高度集成，因此你可以执行以下操作：

- 拖放以重新排列 notebook 单元格，并在 notebook 之间复制它们；
- 从文本文件（.py、.r、.md、.tex 等文件）中交互式地运行代码块；
- 将代码控制台链接到 notebook 内核，以交互方式浏览代码，避免其他临时性的工作干扰导致 notebook 乱七八糟；
- 可实时预览、编辑流行的文件格式，如 Markdown、JSON、CSV、Vega、VegaLite（以及其他文件格式）。

C.24.4   开发 JupyterLab 扩展

虽然许多 JupyterLab 用户会额外安装 JupyterLab 扩展，但有些人可能希望开发自己的扩展。扩展开发 API 在 JupyterLab 的测试版系列中得到了不断发展，并将在 JupyterLab 1.0 中稳定下来。要开始开发 JupyterLab 扩展，请参见"JupyterLab 扩展开发人员指南"以及 TypeScript 或 JavaScript 扩展模板。

JupyterLab 本身是在 PhosphorJS 的基础上开发的。PhosphorJS 是一个新的 JavaScript 库，用于构建可扩展、高性能、桌面风格的 Web 应用程序。事实上，JupyterLab 支持现代的 JavaScript 技术，如 TypeScript、React、Lerna、Yarn 和 webpack。此外，单元测试、文档、一致的编码标准和用户体验研究，也都可以结合用来维护高质量的应用程序。

C.25   总结

本附录介绍了如何创建带标签的 pandas 数据帧以及显示 pandas 数据帧的元数据。你学习了如何从各种数据源创建 pandas 数据帧，如随机数和硬编码的数据值。你还学习了如何读取 Excel 电子表格并对其中的数据进行数值计算，例如计算数值列中的最小值、平均值和最大值。接下来，你了解了如何从存储在 CSV 文件中的数据创建 pandas 数据帧，并学习了如何通过调用 Web 服务来检索数据，以及如何用数据填充 pandas 数据帧。紧接着，你学习了如何为 pandas 数据帧中的数据生成散点图。最后，你学习了如何使用 Jupyter，这是一个基于 Python 的应用程序，用于在浏览器中显示和执行 Python 代码。